SHUJUKU YUANLI JI YINGYONG DAOXUE JIAOCHENG

数据库原理及应用导学教程

秦海菲◎编著

安徽师范大学出版社
ANHUI NORMAL UNIVERSITY PRESS
·芜湖·

图书在版编目(CIP)数据

数据库原理及应用导学教程 / 秦海菲编著. — 芜湖: 安徽师范大学出版社, 2023.1
ISBN 978-7-5676-5683-3

Ⅰ.①数… Ⅱ.①秦… Ⅲ.①数据库系统—教材Ⅳ.①TP311.13

中国版本图书馆CIP数据核字(2022)第118199号

数据库原理及应用导学教程　　秦海菲◎编著

责任编辑: 李子旻
责任校对: 吴毛顺
装帧设计: 丁奕奕
责任印制: 桑国磊
出版发行: 安徽师范大学出版社
芜湖市北京东路1号安徽师范大学赭山校区　　邮政编码:241000
网　　址: http://www.ahnupress.com/
发 行 部: 0553-3883578　5910327　5910310(传真)
印　　刷: 苏州市古得堡数码印刷有限公司
版　　次: 2023年1月第1版
印　　次: 2023年1月第1次印刷
规　　格: 787 mm × 1092 mm　1/16
印　　张: 12.75
字　　数: 270千字
书　　号: ISBN 978-7-5676-5683-3
定　　价: 49.80元

目　　录

第1章　绪　　论

1.1　数据库系统概述

1.1.1　数据库的基本概念

1.数据

数据库中存储的基本对象,描述事物的符号记录称为数据(Data)。数据的表现形式不能完全表达其内容,需要经过数字化加工。

2.数据库

数据库(DataBase,DB)是长期储存在计算机内、有组织的、可共享的大量数据的集合。数据库中的数据按一定的数据模型组织、描述和储存,具有较小的冗余度、较高的数据独立性和易扩展性,并可为各种用户共享。

3.数据库管理系统

数据库管理系统(DataBase Management System,DBMS)是位于用户与操作系统之间的一层数据管理软件。主要功能:(1)数据定义;(2)数据组织、存储和管理;(3)数据操纵;(4)数据库的事务管理和运行管理;(5)数据库的建立和维护;(6)其他功能。

4.数据库系统

数据库系统(DataBase System,DBS)是由数据库、数据库管理系统(及其应用开发工具)、应用程序、数据库管理员(DataBase Administrator,DBA)组成的存储、管理、处理和维护数据的系统。

1.1.2　数据管理技术的发展历史

数据管理技术先后经历了人工管理阶段、文件系统管理阶段和数据库管理系统阶段。

1.1.3　数据库管理系统介绍

数据库管理系统有以下特点:

(1)数据结构化;(2)数据的共享性高、冗余度低且易扩充;(3)数据独立性高;(4)

由数据库管理系统统一管理和控制。

数据库管理系统必须提供四个方面的数据控制功能:数据的安全性保护、数据的完整性检查、并发控制和数据库恢复。

1.2 数据模型

1.2.1 数据模型的概念及分类

数据模型是对现实世界数据特征的抽象,是用来描述数据、组织数据和对数据进行操作的。数据模型是数据库系统的核心和基础。

1.数据处理的抽象与转换

为了把现实世界中的具体事物抽象、组织为某一数据库管理系统支持的数据模型,人们先将现实世界抽象为信息世界,再将信息世界转换为机器世界。

2.数据模型的分类

第一类是概念模型,也称信息模型。它是按用户的观点对数据和信息建模,是对现实世界的事物及其联系的第一级抽象。

第二类是逻辑模型和物理模型。

逻辑模型:属于计算机世界中的模型,是按计算机的观点对数据建模,是对现实世界的第二级抽象,有严格的形式化定义。主要包括层次模型、网状模型、关系模型、面向对象数据模型、对象关系数据模型和半结构化数据模型等。

物理模型:对数据最底层的抽象,它描述数据在系统内部的表示方式和存取方法,或在磁盘或磁带上的存储方式和存取方法,是面向计算机系统的。

1.2.2 三个世界及有关概念

1.现实世界

现实世界即客观存在的世界。其中存在着各种事物及它们之间的联系,每个事物都有自己的特征或性质。

2.信息世界(概念模型)

在信息世界中,常用概念如下。

(1)实体:客观存在并且可以相互区别的事物称为实体。

(2)属性:实体所具有的某一特性称为属性。

(3)实体型:具有相同属性的实体必然具有共同的特征。

(4)实体集:同型实体的集合称为实体集。

(5)码:在实体型中,能唯一标识一个实体的属性或属性集。

(6)域:某一属性的取值范围。

(7)联系:将现实世界中的事物内部以及事物之间的联系抽象和反映到信息世界中单个实体型内部的联系和实体型之间的联系。

①两个实体型间的联系:两个不同的实体集间的联系,有三种类型,即一对一联系(1:1),一对多联系(1:n),多对多联系(m:n)。

②两个以上实体型间的联系:两个以上的实体型之间也存在着一对一、一对多和多对多的联系。

③单个实体型内部的联系:同一个实体集内的各个实体之间存在的联系,也可以有一对一、一对多和多对多的联系。

3.计算机世界(机器世界)

在计算机世界中,常用概念如下。

(1)字段:标记实体属性的命名单位,也称为数据项。

(2)记录:字段的有序集合。

(3)文件:同一类记录的集合。

(4)关键字:能唯一标识文件中每个记录的字段或字段集,简称键。

1.2.3 数据模型的组成要素

数据模型通常由数据结构、数据操作和数据的完整性约束条件三部分组成。

1.数据结构

数据结构描述数据库的组成对象以及对象之间的联系。数据结构是刻画一个数据模型性质最重要的方面。

2.数据操作

数据操作是指对数据库中各种对象(型)的实例(值)允许执行的操作的集合。数据操作主要有查询和更新(包括插入、删除、修改)两大类,是对系统动态特性的描述。

3.数据的完整性约束条件

数据的完整性约束条件是一组完整性规则的集合。完整性规则是给定的数据模型中数据及其联系所具有的制约和依存规则,用以限定符合数据模型的数据库状态以及状态的变化,以保证数据的正确、有效、相容。

1.2.4 常用的数据模型

通常所说的数据模型特指逻辑模型。目前,在数据库领域中常用的逻辑数据模型主要有层次模型、网状模型、关系模型和面向对象模型,其中层次模型和网状模型统称为格式化模型。

1.2.5 层次模型

1.层次模型的数据结构

层次模型以一个倒立的树结构表示各对象及对象间的联系。层次模型的结构特点如下：

（1）每个子结点只有一个双亲结点，而且只有根结点没有双亲结点。

（2）查询任何一个给定的记录时，只有按其路径查看，才能显示出它的全部含义，没有一个子记录可以脱离双亲记录而存在。

（3）层次数据库系统只能处理一对多的联系。

2.层次模型的操作和完整性约束

层次模型的数据操作主要有增加、删除、修改和查询。对层次模型进行相应操作时，需要满足它的完整性约束条件：

（1）进行插入操作时，如果没有相应的双亲结点，就不能插入它的子女结点。

（2）进行删除操作时，如果删除双亲结点，则相应的子女结点值也将被同时删除。

3.层次模型的优缺点

优点：（1）层次模型的数据结构比较简单；（2）层次数据库的查询效率高；（3）层次模型提供了良好的完整性支持。

缺点：（1）现实世界中有很多非层次的联系；（2）查询子女结点必须通过双亲结点；（3）对插入和删除操作的限制比较多。

1.2.6 网状模型

1.网状模型的数据结构

网状模型是一种比层次模型更具普遍性的模型，即用图结构表示对象以及对象之间的联系。它的结构特点如下：

（1）允许一个以上的结点无双亲；（2）一个结点可以有多于一个的双亲。

2.网状模型的优缺点

优点：（1）可以更直接地描述现实世界；（2）具有良好的性能，存取效率较高。

缺点：数据结构复杂，实现起来比较困难。

1.2.7 关系模型

关系模型是目前使用最广泛的一种数据模型，现在的数据库产品大部分都以关系模型为基础。关系模型的优点如下：

（1）关系模型简单，数据表示方法简单、清晰，容易在计算机上实现。

（2）唯一有数学理论作基础的模型，定义及操作有严格的数学理论基础。

（3）存取路径对用户透明，因而具有更强的独立性。

1.3 数据库系统结构

从数据库应用开发角度看，数据库系统通常采用三级模式结构，即内模式、模式、外模式。

从数据库最终用户角度看，数据库系统结构分为单用户结构、集中式结构、分布式结构、主从式结构、C/S（客户/服务器）结构、B/S（浏览器/服务器）结构等。

1.3.1 模式及实例的概念

模式是数据库中全体数据的逻辑结构和特征的描述，它仅涉及型的描述，某种具体状态下的值则称为一个实例。同一个模式有很多个值，即多个实例。

模式是相对稳定的，而实例是相对变动的，因为模式里的值可能是不断变化的。

1.3.2 数据库系统的三级模式结构

数据库系统的三级模式结构是指数据库系统由内模式、模式和外模式三级模式构成。

1. 内模式

内模式也称存储模式，它是数据物理结构和存储方式的描述，是数据在数据库内部的组织方式。一个数据库只有一个内模式。

2. 模式

模式也称概念模式或逻辑模式，是数据库中全体数据的逻辑结构和特征的描述，是所有用户公用的数据库逻辑结构。一个数据库只有一个模式。

3. 外模式

外模式也称子模式或用户模式，是数据库用户能够看见和使用的局部数据的逻辑结构和特征的描述，是数据库用户的数据视图，是与某一应用有关的数据的逻辑表示。一个数据库可以有多个外模式；同一个外模式可以为某一用户的多个应用系统所使用，但一个应用程序只能使用一个外模式。

4. 两级映像（射）

（1）外模式/模式映像。

外模式/模式映像定义了外模式与模式之间的映像关系。当模式改变时，外模式不需要改变，只需要修改其外模式/模式映像，不用修改对应的应用程序，保证了数据与程序的逻辑独立性，称作数据的逻辑独立性。

（2）内模式/模式映像。

内模式/模式映像定义了内模式与模式之间的映像关系。因为数据库中只有一个模式及一个内模式，所以只有一个内模式/模式映像。它定义了数据的全局逻辑结构与存储结构之间的对应关系。

1.3.3 数据库系统的体系结构

1.集中式结构

在集中式结构中,数据库应用系统中的数据存储层、业务处理层及界面表示层都运行于单台计算机上,即应用程序、DBMS和数据都在一台计算机上,所有的处理任务都由这台机器完成。

2.两层客户/服务器结构

在两层客户/服务器结构中,数据存储层和业务处理层及界面表示层分别运行在两台不同的机器上,数据存储层运行于数据库服务器上,业务处理层和界面表示层运行在客户机上。

3.三层客户/服务器结构

在三层客户/服务器结构中,数据存储层、业务处理层及界面表示层分别运行在三台不同的机器上,运行数据存储层的机器叫作数据库服务器,运行业务处理层的机器叫作应用服务器,与用户交互的界面表示层为客户端。

1.4 数据库系统的组成

1.4.1 数据库系统的构成

1.硬件平台及数据库

数据库系统对硬件资源提出的要求如下:

(1)要有足够大的内存,存放操作系统、数据库管理系统的核心模块、数据缓冲区和应用程序。

(2)有足够大的磁盘或磁盘阵列等设备存放数据库,有足够大的磁带(或光盘)作数据备份。

(3)要求系统有较高的通道能力,以提高数据传送率。

2.软件

数据库系统的软件主要包括:

(1)数据库管理系统。

(2)支持数据库管理系统运行的操作系统。

(3)具有与数据库接口的高级语言及其编译系统,便于开发应用程序。

(4)以数据库管理系统为核心的应用开发工具。

(5)为特定应用环境开发的数据库应用系统。

3.人员

(1)数据库管理员:负责全面管理和控制数据库系统。具体职责包括:决定数据库中的信息内容和结构;决定数据库的存储结构和存储策略;定义数据的安全性要求和完整性约束条件;监控数据库的使用和运行;数据库的改进和重组、重构。

(2)系统分析员和数据库设计人员。

系统分析员负责应用程序的需求分析和规范说明,要和用户及数据库管理员相结合,确定系统的硬件、软件配置,并参与数据库系统的概要设计。

数据库设计人员负责数据库中数据的确定、数据库各级模式的设计,必须参加用户需求调查和系统分析,进行数据库设计。

(3)应用程序员:负责设计和编写应用系统的程序模块,并进行调试和安装。

(4)用户:即最终用户,其通过应用系统的用户接口使用数据库,最终接口方式有浏览器、菜单驱动、表格操作、图形显示、报表书写等。最终用户可分为偶然用户、简单用户、复杂用户。

1.4.2 DBMS组成

DBMS是一个功能强大的软件系统,它的组成比较复杂,不同的DBMS产品组成结构差别非常大。DBMS一般由DDL编译器、DML编译器、查询优化器、数据库运行处理器、存储数据管理器等组成。

1.5 自我检测

1.5.1 选择题

1.______是长期存储在计算机内、有组织的、可共享的大量数据的集合。

A.数据库　B.数据库系统　C.数据仓库　D.数据管理员

2.数据的管理方法主要有______。

A.批处理和文件系统　B.文件系统和分布式系统

C.分布式系统和批处理　D.数据库系统和文件系统

3.数据库系统的核心是______。

A.数据库　B.数据库管理系统

C.数据模型　D.软件工具

4.数据库系统与文件系统的主要区别是______。

A.数据库系统复杂,而文件系统简单

B.文件系统不能解决数据冗余和数据独立性问题,而数据库系统可以解决

C.文件系统只能管理程序文件,而数据库系统能够管理各种类型的文件

D.文件系统管理的数据量较少,而数据库系统可以管理庞大的数据量

5.数据库管理系统______。

A.是一个完整的数据库应用系统　　B.是一组硬件

C.是一组软件　　D.既有硬件,也有软件

6.数据库管理系统的主要功能是______。

A.修改数据库　B.定义数据库　C.应用数据库　D.保护数据库

7.数据管理技术的发展经历了人工管理阶段、文件系统管理阶段和数据库管理系统阶段。在这几个阶段中,数据独立性最高的是______阶段。

A.数据库管理系统　　B.文件系统管理

C.人工管理　　D.数据项管理

8.在下列实体类型的联系中,一对多联系的是______。

A. 学校与课程的学习联系　　B. 父亲与孩子的父子关系

C. 省与省会的关系　　D. 顾客与商品的购买关系

9.数据库的基本特点是______。

A.数据可以共享(或数据结构化),数据独立性,数据冗余大、易移植,统一管理和控制

B.数据可以共享(或数据结构化),数据独立性,数据冗余小、易扩充,统一管理和控制

C.数据可以共享(或数据结构化),数据互换性,数据冗余小、易扩充,统一管理和控制

D.数据非结构化,数据独立性,数据冗余小、易扩充,统一管理和控制

10.数据库的特点之一是数据的共享,严格地讲,这里的数据共享是指______。

A.同一个应用中的多个程序共享一个数据集合

B.多个用户、同一种语言共享数据

C.多个用户共享一个数据文件

D.多种应用、多种语言、多个用户相互覆盖地使用数据集合

11.在数据库中,下列说法不正确的是______。

A.数据库避免了一切数据的重复

B.若系统是完全可以控制的,则系统可确保更新时的一致性

C.数据库中的数据可以共享

D.数据库减少了数据冗余

12.下列关于数据库系统的表述,正确的是______。

A.数据库系统减少了数据冗余

B.数据库系统避免了一切冗余

C.数据库系统中数据的一致性是指数据类型一致

D.数据库系统比文件系统能管理更多的数据

13.概念模型独立于______。

A.E-R模型　　　　B.硬件设备和DBMS

C.操作系统和DBMS　　　　D.DBMS

14.层次模型、网状模型和关系模型的划分原则是______。

A.记录长度　　　　B.文件的大小

C.联系的复杂程度　　　　D.数据之间的联系

15.数据库的网状模型应满足的条件是______。

A.允许一个以上的结点无父结点,也允许一个结点有多个父结点

B.必须有两个以上的结点

C.有且仅有一个结点无父结点,其余结点都只有一个父结点

D.每个结点有且仅有一个父结点

16.数据模型用来表示实体间的联系,但不同的数据库管理系统支持不同的数据模型。在常用的数据模型中,不包括______。

A.网状模型　　　　B.链状模型

C.层次模型　　　　D.关系模型

17.通过指针链接来表示和实现实体之间联系的模型是______。

A.关系模型　　　　B.层次模型

C.网状模型　　　　D.层次和网状模型

18.层次模型不能直接表示______。

A.1∶1联系　　　　B.1∶n联系

C.m∶n联系　　　　D.1∶1和1∶n联系

19.关系数据模型______。

A.只能表示实体间的1∶1联系

B.只能表示实体间的1∶n联系

C.只能表示实体间的m∶n联系

D.可以表示实体间的三种联系

20.关系数据库管理系统与网状系统相比______。

A.前者运行效率较高　　　　B.前者的数据模型更为简洁

C.前者比后者产生得早一些　　　　D.前者的数据操作语言是过程性语言

21.数据库的外模式、模式与内模式是对______的三个抽象级别。

A.信息世界　　　　B.数据库系统

C.数据　　　　D.数据库管理系统

22.在数据库三级模式结构中,能够描述数据库中全体数据的全局逻辑结构和特性的是______。

A.外模式　　B.内模式
C.存储模式　　D.模式

23.为了保证数据库的逻辑数据独立性,需要修改的是______。
A.模式与外模式之间的映像　　B.模式与内模式之间的映像
C.模式　　D.三级模式

24.一般地,一个数据库系统的外模式______。
A.只能有一个　　B.最多只能有一个
C.至少有两个　　D.可以有多个

25.用户或应用程序看到的部分局部逻辑结构和特征的描述是______。
A.模式　　B.物理模式　　C.子模式　　D.内模式

26.子模式是______。
A.模式的副本　　B.模式的逻辑子集
C.多个模式的集合　　D.以上三者均正确

27.数据库的三级模式之间存在的映像关系正确的是______。
A.外模式/内模式　　B.外模式/模式
C.外模式/外模式　　D.模式/模式

28.在数据库的体系结构中,数据库存储结构的改变会引起内模式的改变。为使数据库的模式保持不变,从而不必修改应用程序,必须改变模式与内模式之间的映像。这样,应使数据库具有______。
A.数据独立性　　B.逻辑独立性
C.物理独立性　　D.操作独立性

29.模式和内模式都____。
A.只能有一个　　B.最多只能有一个
C.至少有两个　　D.可以有多个

30.数据库系统包括______。
A.DB、DBMS
B.DB、数据库管理员
C.DB、DBMS、数据库管理员、计算机硬件
D.DB、DBMS、数据库管理员、OS、计算机硬件

1.5.2 填空题

1.数据管理技术经历了__________、__________和__________三个阶段。

2.数据库系统一般由________、________、________、________和________组成。

3.数据库是长期存储在计算机内、有__________的、可__________的数据集合。

4.DBMS是指__________,它是位于__________和__________之间的一层数据管理

软件。

5. 数据独立性又可分为__________和__________。

6. 数据模型是由__________、__________和__________三部分组成的。

7. 按照数据结构的类型来命名，数据模型分为________、________和________。

8. 以外模式为框架的数据库是__________；以模式为框架的数据库是__________；以内模式为框架的数据库是__________。

9. 现实世界的事物反映到人的头脑中经过思维加工成数据，这一过程要经过三个领域，依次是__________、__________和__________。

10. 数据库模式结构按照__________、__________和__________三级模式结构进行组织。

1.5.3 判断题

1. 数据库系统的核心是数据库管理系统。 ( )

2. 在文件管理阶段，文件之间是相互联系的；在数据库管理阶段，文件之间是相互独立的。 ( )

3. DBMS只提供数据定义语句，不提供数据操纵语句供用户使用。 ( )

4. E-R模型直接表示实体类型及实体间联系，与计算机系统无关，充分反映用户的需求，用户容易理解。 ( )

5. 层次数据模型可以很好地表示多对多联系。 ( )

6. 描述数据库物理结构的模型称为逻辑模型。 ( )

7. 在一个关系模型中，不同关系模式之间的联系是通过公共属性来实现的。 ( )

8. 有了外模式/模式映像，可以保证数据和应用程序之间的物理独立性。 ( )

9. 外模式DDL用来描述数据库的总体逻辑结构。 ( )

10. 数据库系统的各类人员的数据视图都是相同的。 ( )

1.5.4 简答题和综合题

1. 什么是数据库？

2. 什么是数据库管理系统？

3. 什么是层次模型？什么是网状模型？ 它们分别具有什么特点？

4. 层次模型、网状模型和关系模型这三种基本数据模型是根据什么来划分的？

5. 层次模型、网状模型和关系模型这三种基本数据模型各有哪些优缺点？

6. 数据库系统的三级模式结构由哪几部分组成？

7. 叙述模型、模式和具体值三者之间的联系和区别。

8. 数据库管理员的职责是什么？

第2章　关系数据库

2.1　关系数据库的数据结构

2.1.1　关系模型的基本概念

(1)关系:用于描述数据的主要结构,是一张二维表。

(2)元组:关系中的每行对应一个元组。

(3)属性:关系中的每列对应一个属性,也叫作关系中的字段。

(4)域:一组具有相同数据类型的值的集合。

(5)分量:元组中的属性值。

(6)码:也叫作键或者关键字,它是关系中能唯一标识一个元组的属性或者属性组。

(7)主属性:包含在任意码中的属性。

(8)非主属性:不包含在任何候选码中的属性,或称非码属性。

(9)全码:关系模式的候选码由关系表的所有属性构成,称为全码。

(10)关系模式:关系数据库中,关系模式是型,它确定关系由哪些属性构成,即关系的逻辑结构,而关系是值。对关系的描述,一般表示为:

关系名(属性1,属性2,…,属性n)

(11)关系数据库模式:在一个给定的现实世界领域中,所有对象及对象之间的联系的集合构成一个关系数据库。关系数据库的型称为关系数据库模式。

2.1.2　关系的性质

(1)列是同质的,即每列中的数据必须来自同一个域,具有相同的数据类型。

(2)每列必须是不可再分的数据项(不允许表中套表)。

(3)元组不重复,即不能有相同的行。

(4)元组无序性,即行次序无关。

(5)属性无序性,即列次序无关。

(6)属性不同名。

2.1.3　关系模型的形式化定义

1.笛卡尔积

(1)域:一组具有相同数据类型的值的集合。

(2)笛卡尔积:给定一组域$D_1,D_2,\cdots,D_n$,这些域中可以有相同的。$D_1,D_2,\cdots,D_n$的笛卡尔积为:

$$D_1 \times D_2 \times \cdots \times D_n = \{(d_1,d_2,\cdots,d_n) \mid d_i \in D_i, i = 1,2,\cdots,n\}$$

(3)分量:笛卡尔积元素$(d_1,d_2,\cdots,d_n)$中的每一个值d_i叫作一个分量。

(4)基数:一个域允许的不同取值个数称为这个域的基数。

若$D_i(i = 1,2,\cdots,n)$为有限集,其基数为$m_i(i = 1,2,\cdots,n)$,则$D_1 \times D_2 \times \cdots \times D_n$的基数$M$为:

$$M = \prod_{i=1}^{n} m_i$$

2.关系

$D_1 \times D_2 \times \cdots \times D_n$的子集叫作在域$D_1,D_2,\cdots,D_n$上的关系,表示为

$R(D_1,D_2,\cdots,D_n)$

其中,R为关系名,n为关系的目或度。

一般来说,$D_1,D_2,\cdots,D_n$的笛卡尔积是没有实际语义的,只有它的某个真子集才有实际含义。

3.关系模式

关系数据库中,对关系的描述称为关系模式。关系模式是型,它确定关系由哪些属性构成,而关系是值。

关系模式形式化地表示为:

$R(U,D,\mathrm{DOM},F)$

其中,R为关系名,U为该关系的所有属性,D为U中属性所来自的域,DOM为属性向域的映像,F为属性间数据的依赖。

2.1.4　关系数据库模式定义

在关系模型中,实体以及实体间的联系都是用关系来表示的。关系数据库模式是关系数据库的型,是对关系数据库的整体逻辑结构的描述。对于一个给定的应用,所有关系的集合就构成了一个关系数据库,这些关系的模式的集合就构成了整个关系数据库的模式。

2.1.5　关系模型的存储结构

在关系数据库的物理组织中,有的关系数据库管理系统中一个表对应一个操作系

统文件，将物理数据组织交给操作系统完成；有的关系数据库管理系统从操作系统那里申请若干个大的文件，自己划分文件空间，组织表、索引等存储结构，并进行存储管理。

2.2 关系操作

2.2.1 基本的关系操作

关系模型中常用的关系操作包括查询操作和插入、删除、修改操作两大部分。

查询操作可以分为选择、投影、连接、除、并、差、交、笛卡尔积等，其中选择、投影、并、差、笛卡尔积是关系的五种基本操作。

2.2.2 关系数据语言的分类

关系代数：用对关系的运算来表达查询要求。

关系演算：用谓词来表达查询要求。

SQL语言：一种高度非过程化的语言，用户不必请求数据库管理员为其建立特殊的存取路径，存取路径的选择由关系数据库管理系统的优化机制来完成。

2.3 关系模型的完整性

2.3.1 实体完整性

用实体完整性约束条件保证关系中的每个元组都是可区分的，是唯一的。

规则：若属性（指一个或一组属性）A是基本关系R的主属性，则A不能取空值。

说明：(1)实体完整性规则是针对基本关系而言的；(2)现实世界中的实体是可区分的，即它们具有某种唯一性标识；(3)关系模型中以主码作为唯一性标识；(4)主码中的属性即主属性不能取空值。

2.3.2 参照完整性

设F是基本关系R的一个或一组属性，但不是R的码，K_s是基本关系S的主码。如果F与K_s相对应，则称F是R的外码（外键或者外关键字），并称基本关系R为参照关系，基本关系S为被参照关系或目标关系。关系R和S不一定是不同的关系。

规则：若属性（或属性组）F是基本关系R的外码，它与基本关系S的码K_s相对应（基本关系R和S不一定是不同的关系），则对于R中每个元组在F上的值必须取空值（F的每个属性均为空值）或等于S中某个元组的主码值。

说明:外码值要么取空值(F的每个属性值均为空值),要么等于被参照关系S中某个元组的主码值。

2.3.2　用户自定义完整性

用户自定义完整性是针对某一具体关系数据库的约束条件,它反映某一具体应用所涉及的数据必须满足的语义要求。关系数据库管理系统提供了定义和检验这类完整性的机制。完整性的定义可在定义关系结构时设置,也可以之后再通过触发器、规则、约束来设置。例如:

(1)定义关系的主键。(2)定义关系的外键。(3)定义属性是否为空值。(4)定义属性值的唯一性。(5)定义属性的取值范围。(6)定义属性的默认值。(7)定义属性间函数依赖关系。

2.4　关系代数

2.4.1　关系代数运算

关系代数是一种抽象的查询语言,它用关系的运算来表达查询。关系运算符有传统的集合运算符、专门的关系运算符、比较运算符和逻辑运算符。

2.4.2　传统的集合运算

1.并运算

设关系R和关系S具有相同的目n(即两个关系都有n个属性),且相应的属性值取自同一个域,则关系R与关系S的并由属于R或属于S的元组组成,其结果仍为n目关系,记为:

$$R \cup S = \{t \mid t \in R \vee t \in S\}$$

并运算由属于R或属于S的元组组成,两集合元组并在一起,去掉重复元组。

2.差运算

设关系R和关系S具有相同的目n(即两个关系都有n个属性),且相应的属性值取自同一个域,则关系R与关系S的差由属于R而不属于S的元组组成,其结果仍为n目关系,记为:

$$R - S = \{t \mid t \in R \wedge t \notin S\}$$

差由属于R并不属于S的元组组成。

3.交运算

设关系R和关系S具有相同的目n(即两个关系都有n个属性),且相应的属性值取自同一个域,则关系R与关系S的交由既属于R,又属于S的元组组成,其结果仍为n目

关系,记为:

$$R \cap S = \{t \mid t \in R \wedge t \in S\}$$

4.笛卡尔积

两个分别为n目和m目的关系R和S的广义笛卡尔积是一个列的元组的集合。元组的前n列是关系R的一个元组,后m列是关系S的一个元组。若R有k_1个元组,S有k_2个元组,则关系R和关系S的广义笛卡尔积有$k_1 \times k_2$个元组,记为:

$$R \times S = \{ \widehat{t_r t_s} \mid t_r \in R \wedge t_s \in S \}$$

2.4.3 专门的关系运算

1.选择

选择关系R中满足逻辑表达式F为真的元组,即

$$\sigma_{F(R)} = \{ t \mid t \in R \wedge F(t) = '真' \}$$

说明:F为选择条件,是一个逻辑表达式;选择运算是从关系R中选取使逻辑表达式F为真的元组,是从行的角度进行的运算;属性名也可以用它的序号来代替。

2.投影

从关系R中选择出若干属性列组成新的关系,记为:

$$\Pi_A(R) = \{ t[A] \mid t \in R \}$$

其中A为R中的属性列。

说明:投影操作主要是从列的角度进行计算;投影之后不仅取消了原关系中的某些列,还可能取消某些元组;属性名也可以用它的序号来代替。

3.连接

连接也称为θ连接,即从两个关系的笛卡尔积中选取属性间满足一定条件的元组,记为:

$$R \bowtie S = \{\widehat{t_r t_s} \mid t_r \in R \wedge t_s \in S \wedge t_r[A]\ \theta\ t_s[B]\}$$

(1)等值连接:θ为"="的连接运算称为等值连接,则等值连接记为:

$$R \bowtie S = \{\widehat{t_r t_s} \mid t_r \in R \wedge t_s \in S \wedge t_r[A] = t_s[B] \}$$

(2)自然连接:若R和S中具有相同的属性组B,U为R和S的全体属性集合,则自然连接可记为:

$$R \bowtie S = \{\widehat{t_r t_s}[U-B] \mid t_r \in R \wedge t_s \in S \wedge t_r[B] = t_s[B] \}$$

连接结果去掉重复列。

(3)外连接:两个关系R和S在做自然连接时,选择两个关系公共属性上值相等的元组构成新的关系。

左/右外连接:除了满足条件的元组保留在结果关系中,左/右边关系中不满足条件的元组也保留在结果关系中,其对应的右/左边关系中属性的取值用NULL填充。

说明：一般的连接操作是从行的角度进行运算；自然连接还需要取消重复列，所以是同时从行和列的角度进行运算。

4.除

设关系R除以S的结果为关系T，则T包含所有在R但不在S中的属性及其值，且T的元组与S的元组的所有组合都在R中。

给定关系$R(X,Y)$和$S(Y,Z)$，其中X,Y,Z为属性组。R中的Y与S中的Y可以有不同的属性名，但必须出自相同的域集。元组在X上分量值x的象集Y_x包含S在Y上投影的集合。记为：

$$R \div S=\left\{t_r[X] \,\middle|\, t_r \in R \land \Pi Y(S) \in Y_x\right\}$$

其中，Y_x为x在R中的象集，$x = t_r[X]$。（象集：关系$R(X,Z)$，X和Z为属性组。当$t[X]=x$时，x在R中的象集为$Z_x=\{t[Z]|\ t\in R\ ,t[X]=x\}$）

说明：除法运算同时从行和列的角度进行运算，适合于包含"全部"之类的短语的查询。

2.5　自我检测

2.5.1　选择题

1.对关系模型叙述错误的是______。

A.建立在严格的数学理论、集合论和谓词演算公式的基础之上

B.目前的DBMS绝大部分采取关系数据模型

C.用二维表表示关系模型是其一大特点

D.不具有连接操作的DBMS也可以是关系数据库系统

2.下列对关系描述错误的是______。

A.关系是笛卡尔积的子集

B.关系是一张二维表

C.关系中的一些分量可以再分为若干分量

D.关系中元组的次序可以交换

3.关系模式的任何属性______。

A.不可再分　　B.可再分

C.命名在该关系模式中可以不唯一　　D.以上都不对

4.在通常情况下，下面的关系中不可以作为关系数据库的关系是______。

A.R_1（学生号，学生名，性别）　　B.R_2（学生号，学生名，班级号）

C.R_3（学生号，学生名，宿舍号）　　D.R_4（学生号，学生名，简历）

5.关系数据库中的码是指______。

A. 能唯一决定关系的字段　　B. 不可改动的专用保留字

C. 关键的很重要的字段　　D. 能唯一标识元组的属性或属性集合

6. 一个关系只有一个______。

A. 主码　　B. 外码　　C. 候选码　　D. 超码

7. 根据关系模式的完整性规则，一个关系中的主码______。

A. 不能有两个　　B. 不能成为另一个关系的外码

C. 不允许为空　　D. 可以取值

8. 关系数据库中能唯一识别元组的属性称为______。

A. 唯一性的属性　　B. 不可改动的保留字段

C. 关系元组的唯一性　　D. 关键字段

9. 在关系 *R*(R#, RN, S#) 和 *S*(S#, SN, SD) 中，*R* 的主码是 R#，*S* 的主码是 S#，则 S# 在 *R* 中称为______。

A. 外码　　B. 候选码　　C. 主码　　D. 超码

10. 关系模型中，一个码______。

A. 可由多个任意属性组成

B. 至多由一个属性组成

C. 可由一个或多个能唯一标识该关系模式中任何元组的属性组成

D. 以上都不是

11. 一个关系数据库文件中的各条记录______。

A. 前后顺序不能颠倒，一定要按照输入的顺序排列

B. 前后顺序可以颠倒，不影响库中的数据关系

C. 前后顺序可以颠倒，但排列顺序不同，统计处理的结果就可能不同

D. 前后顺序不能颠倒，一定要按照码段值的顺序排列

12. 关系数据库管理系统能实现的专门关系运算包括______。

A. 排序、索引、统计　　B. 选择、投影、连接

C. 关联、更新、排序　　D. 显示、打印、制表

13. 关系代数的五个基本运算是______。

A. 并、差、选择、投影和自然连接　　B. 并、差、交、选择和投影

C. 并、差、交、选择和笛卡尔积　　D. 并、差、选择、投影和笛卡尔积

14. 关系代数运算的运算基础为______。

A. 关系运算　　B. 谓词演算　　C. 集合运算　　D. 代数运算

15. 关系运算用来表达查询要求的是______。

A. 关系　　B. 谓词　　C. 集合　　D. 以上都不对

16. 候选关键字的属性可以有______。

A. 多个　　B. 1 个或多个　　C. 0 个　　D. 1 个

17. 同一个关系模型的任意两个元组值______。

A. 不能全同　　B. 可全同　　C. 必须全同　　D. 以上都不对

18. 等值连接和自然连接相比较，正确的是______。

A. 等值连接和自然连接的结果完全相同

B. 等值连接的属性个数大于自然连接的属性个数

C. 等值连接的属性个数大于或等于自然连接的属性个数

D. 等值连接和自然连接的连接条件相同

19. 下列为单目运算的是______。

A. 差　　B. 并　　C. 投影　　D. 除法

20. 自然连接是构成新关系的有效方法。一般情况下，当对关系 R 和 S 使用自然连接时，要求 R 和 S 含有一个或多个共有的______。

A. 元组　　B. 行　　C. 记录　　D. 属性

21. 有关系 $R(A,B,C,D)$，则______。

A. $\Pi_{A,C}(R)$取属性值为 A、C 的两列组成新关系

B. $\Pi_{1,3}(R)$取属性值为 1、3 的两列组成新关系

C. $\Pi_{1,3}(R)$与 $\Pi_{A,C}(R)$等价

D. $\Pi_{1,3}(R)$与 $\Pi_{A,C}(R)$不等价

22. 设关系 $R(A,B,C)$和 $S(B,C,D)$，下列各关系代数表达式不成立的是______。

A. $\Pi_A(R)\cap\Pi_D(S)$　　B. $R\cup S$

C. $\Pi_B(R)\cap\Pi_B(S)$　　D. $R\bowtie S$

23. 有两个关系 $R(A,B,C)$和 $S(B,C,D)$，则 $R\div S$ 结果的属性个数是______。

A. 3　　B. 2　　C. 1　　D. 不一定

24. 取出关系中的某些列，并消去重复元组的关系代数运算称为______。

A. 取列运算　　B. 投影运算　　C. 连接运算　　D. 选择运算

25. 有两个关系 $R(A,B,C)$和 $S(B,C,D)$，则 $R\bowtie S$ 结果的属性个数是______。

A. 3　　B. 4　　C. 5　　D. 6

26. 有两个关系 R 和 S，分别包含 15 个和 10 个元组，则在 $R\cup S$、$R-S$、$R\cap S$ 中不可能出现的元组数目情况是______。

A. 15，5，10　　B. 18，7，7　　C. 21，11，4　　D. 25，15，0

27. 自然连接是构成新关系的有效方法。一般情况下，当对关系 R 和 S 使用自然连接时，要求 R 和 S 含有一个或多个共有的______。

A. 元组　　B. 行　　C. 记录　　D. 属性

28. 设有关系 R，按条件 f 对关系 R 进行选择，正确的是______。

A. $R\times R$　　B. $R_f\bowtie R$　　C. $\sigma_f(R)$　　D. $\Pi_f(R)$

2.5.2 填空题

1.关系操作的特点是__________操作方式。

2.一个关系模式的定义格式为__________。

3.关系数据库中可命名的最小数据单位是__________。

4.在一个实体表示的信息中,__________称为主码。

5.关系数据库中基于数学上两类运算是__________和__________。

6.关系模型的完整性规则包括__________、__________和__________。

7.θ连接运算是由__________和__________操作组合而成的。

8.关系代数中,从两个关系中找出相同元组的运算称为__________运算。

9.已知系(系编号,系名称,系主任,电话,地点)和学生(学号,姓名,性别,入学日期,专业,系编号)两个关系,系关系的主码是__________,系关系的外码是________,学生关系的主码是__________,外码是__________。

10.关系演算是用__________来表达查询的,它又分为__________演算和________演算两种。

2.5.3 判断题

1.在关系数据库中,关系模式是型,关系是值。 (　　)

2.在关系数据模型中,实体与实体之间的联系用一张二维表格来表示。 (　　)

3.在关系数据模型中,实体之间的联系是通过指针实现的。 (　　)

4.同一个关系模型中可以出现值完全相同的两个元组。 (　　)

5.在一个关系中,不同的列可以对应同一个域,但必须具有不同的列名。 (　　)

6.外码一定是同名属性,且不同关系中的同名属性也一定是外码。 (　　)

7.主码是一种候选码,主码中的属性个数没有限制。 (　　)

8.在关系理论中称为“元组”的概念,在关系数据库中称为记录。 (　　)

9.关系中任何一列的属性取值是不可再分的数据项,可取自不同域中的数据。 (　　)

10.一个关系中不可能出现两个完全相同的元组是由实体完整性规则确定的。 (　　)

2.5.4 简答题和综合题

1.简述等值连接与自然连接的区别和联系。

2.举例说明关系参照完整性的含义。

3.为什么关系中的元组没有先后顺序?

4.简述关系与表格、文件的区别。

5. 笛卡尔积、等值连接、自然连接三者之间有什么区别？

6. 简述在关系代数中修改、插入、删除操作的步骤。

7. 设关系 R 和 S 如图 2.1 所示，试计算：

(1)$R-S$；　(2)$R\cup S$；　(3)$R\cap S$；　(4)$R\times S$。

关系R

A	B	C
a	b	c
b	a	f
c	b	d

关系S

A	B	C
b	a	f
d	a	d

图 2.1

8. 设关系 R 和 S 如图 2.2 所示，试计算：

(1)$R_1=R-S$；　(2)$R_2=R\cup S$；　(3)$R_3=R\cap S$；　(4)$R_4=\Pi_{A,B}(\sigma_{B='b_1'}(R))$。

关系R

A	B	C
a_1	b_1	c_1
a_1	b_2	c_2
a_2	b_2	c_1

关系S

A	B	C
a_1	b_2	c_2
a_2	b_2	c_1

图 2.2

9. 设有如图 2.3 所示的三个关系 S、C 和 SC，试用关系代数表达式表示下列查询语句。

S

SNO	SNAME	AGE	SEX
1	李 明	23	男
2	刘 丽	22	女
5	张 晓	22	男

C

CNO	CNAME	TEACHER
C1	C语言	王 明
C5	数据库原理	陈 华
C8	编译原理	陈 华

SC

CNO	CNAME	TEACHER
1	C1	83
2	C1	85
5	C1	92
2	C5	90
5	C5	84
5	C8	80

图 2.3

(1)查询“陈华”老师所授课程的课程号(CNO)和课程名(CNAME)。

(2)查询年龄大于 21 岁男学生的学号(SNO)和姓名(SNAME)。

(3)查询至少选修“陈华”老师所授全部课程的学生姓名(SNAME)。

(4)查询“李明”同学不学课程的课程号(CNO)。

(5)查询至少选修两门课程的学生学号(SNO)。

(6)查询全部学生都选修课程的课程号(CNO)和课程名(CNAME)。

(7)查询选修课程包含"陈华"老师所授课程之一的学生学号(SNO)。

(8)检索选修课程号为C1和C5的学生学号(SNO)。

(9)检索选修全部课程的学生姓名(SNAME)。

(10)检索选修课程名为"C语言"的学生学号(SNO)和姓名(SNAME)。

第3章　关系数据库标准语言SQL

3.1　SQL概述

3.1.1　SQL的产生与发展

SQL标准从公布以来随数据库技术的发展而不断发展、不断丰富。

3.1.2　SQL的特点

(1)综合统一;(2)高度非过程化;(3)面向集合的操作方式;(4)一种语法提供两种操作方式;(5)功能强大,语言简洁。

3.1.3　SQL的基本概念

支持SQL的关系数据库管理系统同样支持关系数据库三级模式结构。外模式包括若干视图和部分基本表,模式包括若干基本表,内模式包括若干存储文件。

基本表是本身独立存在的表,在关系数据库管理系统中一个关系就对应一个基本表。一个或多个基本表对应一个存储文件,一个表可以带若干索引,索引也存放在存储文件中。存储文件的逻辑结构组成了关系数据库的内模式。

视图是从一个或几个基本表导出的表。它本身不独立存储在数据库中,即数据库中只存放视图的定义而不存放视图对应的数据。这些数据仍存放在导出视图的基本表中,因此视图是一个虚表。

3.2　SQL数据定义

3.2.1　SQL数据定义和数据类型

1.SQL数据定义

SQL的数据定义语言(DDL)可以定义表结构、索引、视图、模式等,也可以对这些数据库对象进行修改和删除。

(1)创建数据库。

其语句如下：

CREATE DATABASE 数据库名;

(2)创建模式。

必须有相应的权限，才可以创建模式。创建模式的语句如下：

CREATE SCHEMA<模式名>AUTHORIZATION<用户名>;

(3)删除模式。

删除模式的语句如下：

DROP SCHEMA<模式名 > < CASCADE | RESTRICT>;

CASCADE 表示删除模式的同时删除模式中的所有对象，RESTRICT 表示如果模式中存在对象，则拒绝删除该模式。

(4)创建表。

模式创建完毕后，就可以在其中创建表了。创建表的语法格式如下：

CREATE TABLE <表名>(<列名><数据类型>[列完整性约束条件]
[,<列名><数据类型>[列完整性约束条件]]
…
[,<表级完整性约束条件>]);

2. 数据类型

不同的DBMS环境下有不同的数据类型。字符数据类型的数据放在单引号里面，区分大小写；按照字母表顺序，如果一个字符串 strl 出现在另一个字符串 str2 前面，则认为 strl 小于 str2。字符串连接符号为“||”，例如'abc'||'xyz'，其结果为'abcxyz'。

3.2.2 定义完整性约束

可以在创建表的同时，指定完整性约束，也可以在表创建好后再添加完整性约束。完整性约束被保存到数据字典中。一旦对数据库中的数据进行操作，DBMS 会自动根据定义的完整性约束检查数据是否满足条件，而采取相应的拒绝或接受操作。

1. 实体完整性约束

关系模型的实体完整性在 CREATE TABLE 中用 PRIMARY KEY 定义。对单属性构成的码有两种说明方法，一种是定义为列级约束条件，另一种是定义为表级约束条件。对多个属性构成的码只有一种说明方法，即定义为表级约束条件。

定义主键约束时，还可以通过系统提供的 CONSTRAINT 关键字来实现。

SQL 还在 CREATE TABLE 语句中提供了完整性约束命名子句 CONSTRAINT，用来对完整性约束条件命名，从而可以灵活地增加、删除一个完整性约束条件。

CONSTRAINT <完整性约束条件名><完整性约束条件>

<完整性约束条件>包括 NOT NULL、UNIQUE、PRIMARY KEY、FOREIGN KEY、

CHECK短语等。

2.参照完整性约束(外键约束)

参照完整性约束的关键字为FOREIGN KEY,用该短语定义哪些列为外码,用REFER-ENCES短语指明这些参照哪些表的主码。

3.用户自定义约束

用户自定义约束多种多样,一般是根据用户需求或者应用环境需求进行设置的,包含默认约束(DEFAULT)、检查约束(CHECK)、非空约束(NOT NULL)、唯一约束(UNIQUE)等。

3.2.3　修改基本表

1.修改表结构

修改表结构的语句格式为:

```
ALTER TABLE<表名>
[ADD [COLUMN]<新列名><数据类型>[列完整性约束条件]]
[ADD<表级完整性约束>]
[DROP [COLUMN] <列名>[CASCADE | RESTRICT]]
[DROP CONSTRAINT<完整性约束名>[CASCADE | RESTRICT]]
[ALTER [ COLUMN ]<列名><数据类型>];
```

2.添加约束

可以在表创建好后,对表添加约束。

3.删除表

一般语句格式为:

```
DROP TABLE<表名>[RESTRICT | CASCADE];
```

删除表结构时,表中的数据也一并删除。

3.3　数据更新

数据更新操作有三种:向表中添加若干行数据、修改表中的数据和删除表中的若干行数据。在SQL中有相应的三类语句。

3.3.1　插入数据

1.插入元组

插入元组的INSERT语句格式为:

```
INSERT INTO<表名>[(<属性列1>[,<属性列2>]…)]
VALUES(<常量1>[,<常量2>]…);
```

2.插入子查询结果

插入子查询结果的INSERT语句格式为：

```
INSERT
INTO<表名>[(<属性列1>[,<属性列2>…])
子查询;
```

3.3.2 修改数据

修改操作又称为更新操作,其语句的一般格式为：

```
UPDATE<表名>
SET<列名>=<表达式>[,<列名>=<表达式>]…
[WHERE<条件>];
```

3.3.3 删除数据

删除语句的一般格式为：

```
DELETE
FROM<表名>
[WHERE<条件>];
```

3.4 数据查询

数据查询是数据库的核心操作。SQL提供了SELECT语句进行数据查询,该语句具有灵活的使用方式和丰富的功能。其一般格式为：

```
SELECT [ALL | DISTINCT]<目标列表达式>[,<目标列表达式>]…
FROM<表名或视图名>[,<表名或视图名>…]|(<SELECT语句>)[AS] <别名>
[WHERE <条件表达式>]
[GROUP BY<列名1> [HAVING <条件表达式>]]
[ORDER BY<列名2> [ASC|DESC]];
```

3.4.1 单表查询

单表查询是指仅涉及一个表的查询。

1.选择表中的若干列

(1)查询指定列。

在很多情况下,用户只对表中的一部分属性列感兴趣,这时可以通过在SELECT子句的<目标列表达式>中指定要查询的属性列。

(2)查询全部列。

将表中的所有属性列都选出来有两种方法，其中一种方法就是在SELECT关键字后列出所有列名；如果列的显示顺序与其在基表中的顺序相同，也可以简单地将<目标列表达式>指定为*。

（3）查询经过计算的值。

SELECT子句的<目标列表达式>不仅可以是表中的属性列，也可以是表达式。

2.选择表中的若干元组

（1）消除取值重复的行。

两个本来并不完全相同的元组在投影到指定的某些列上后，可能会变成相同的行。可以用DISTINCT消除它们。

（2）查询满足条件的元组。

查询满足指定条件的元组可以通过WHERE子句实现。

①比较大小。用于进行比较的运算符一般包括=（等于），>（大于），<（小于），>=（大于等于），<=（小于等于），!=或<>（不等于），!>（不大于），!<（不小于）。

②确定范围。谓词BETWEEN…AND…和NOT BETWEEN…AND…可以用来查找属性值在（或不在）指定范围内的元组，其中BETWEEN后是范围的下限（即低值），AND后是范围的上限（即高值）。

③确定集合。谓词IN可以用来查找属性值属于指定集合的元组。

④字符匹配。谓词LIKE可以用来进行字符串的匹配。其一般语法格式如下：

[NOT]LIKE'<匹配串>'[ESCAPE'<换码字符>]

其含义是查找指定的属性列值与<匹配串>可以用来进行字符串匹配的元组。

⑤涉及空值的查询。

⑥多重条件查询。逻辑运算符AND和OR可用来连接多个查询条件。AND的优先级高于OR，但用户可以用括号改变优先级。

3.ORDER BY子句

用户可以用ORDER BY子句对查询结果按照一个或多个属性列的升序（ASC）或降序（DESC）排列，默认值为升序。

对于空值，排序时显示的次序由具体系统实现来决定。

4.聚集函数

为了进一步方便用户，增强检索功能，SQL提供了许多聚集函数，主要有：

COUNT(*)　　统计元组个数

COUNT([DISTINCT|ALL]<列名>)　　统计一列中值的个数

SUM([DISTINCT|ALL]<列名>)　　计算一列值的总和（此列必须是数值型）

AVG([DISTINCT|ALL]<列名>)　　计算一列值的平均值（此列必须是数值型）

MAX([DISTINCT|ALL]<列名>)　　求一列值中的最大值

MIN([DISTINCT|ALL]<列名>)　　求一列值中的最小值

如果指定DISTINCT短语，则表示在计算时要取消指定列中的重复值。如果不指定DISTINCT短语或指定ALL短语（ALL为默认值），则表示不取消重复值。

5.GROUP BY子句

GROUP BY子句将查询结果按某一列或多列的值分组，值相等的为一组。

对查询结果分组是为了细化聚集函数的作用对象。如果未对查询结果分组，聚集函数将作用于整个查询结果。分组后聚集函数将作用于每一个组，即每一组都有一个函数值。

3.4.2 连接查询

1.等值与非等值连接查询

连接查询的WHERE子句中用来连接两个表的条件称为连接条件或连接谓词，其一般格式为：

[<表名1>.]<列名1><比较运算符>[<表名2>.]<列名2>

其中比较运算符主要有=、>、<、>=、<=、!=（或<>）等。

此外连接谓词还可以使用下面形式：

[<表名1>.]<列名1>BETWEEN[<表名2>.]<列名2>AND[<表名2>.]<列名3>

当连接运算符为=时，称为等值连接。使用其他运算符称为非等值连接。

2.自身连接

连接操作不仅可以在两个表之间进行，也可以是一个表与其自己进行连接。

3.外连接

在通常的连接操作中，只有满足连接条件的元组才能作为结果输出。

4.多表连接

连接操作除了可以是两表连接、一个表与其自身连接外，还可以是两个以上的表进行连接，后者通常称为多表连接。

3.4.3 嵌套查询

在SQL中，一个SELECT-FROM-WHERE语句称为一个查询块。将一个查询块嵌套在另一个查询块的WHERE子句或HAVING短语的条件中的查询称为嵌套查询。

嵌套查询使用户可以用多个简单查询构成复杂的查询，从而增强SQL的查询能力。

1.带有IN谓词的子查询

在嵌套查询中，子查询的结果往往是一个集合，所以IN谓词是嵌套查询中最经常使用的谓词。

2.带有比较运算符的子查询

带有比较运算符的子查询是指父查询与子查询之间用比较运算符进行连接。当用户能确切知道内层查询返回的是单个值时，可以用>、<、=、>=、<=、! =或<>等比较运算符。

3.带有ANY(SOME)或ALL谓词的子查询

子查询返回单值时可以用比较运算符，但返回多值时要用ANY(有的系统用SOME)或ALL谓词修饰符，且使用ANY或ALL谓词时必须同时使用比较运算符。

4.相关的嵌套查询

相关的嵌套查询是指内层查询里引用了外层查询的某个属性，其执行过程为双层循环的过程，分为两类。

(1)不带exists的相关嵌套查询，其执行过程如下。

第一步：把外层查询中第一行数据中被引用的属性值传入内层查询。

第二步：内层查询根据此属性值计算查询结果。

第三步：外层查询根据内层查询的结果判断第一行数据是否保留，满足条件则保留在查询结果中，否则丢弃。

(2)带exists的相关嵌套查询，其执行过程如下。

第一步：把外层查询中第一行数据中被引用的属性值传入内层查询。

第二步：内层查询根据此属性值计算查询结果。

第三步：外层查询根据内层查询的结果判断第一行数据是否保留，如果内层查询有结果，则返回true给外层查询，外层查询当前行数据保留在结果中，否则返回false给外层查询，外层查询当前行数据丢弃。

对外层查询的每行数据重复执行以上三个步骤，直到外层查询的所有行数据判断完毕。

3.4.4　集合查询

并、交、差集合运算的SQL实现分别采用关键字UNION，INTERSEC，EXCEPT。实际上，这些关键字是对SQL语句的查询结果进行的运算。有些RDBMS不一定支持所有的集合运算，而且采用的关键字可能有所不同。

3.4.5　基于派生表的查询

子查询不仅可以出现在WHERE子句中，也可以出现在SELECT子句中，或可以出现在FROM子句中。这时子查询生成临时的派生表。

3.4.6　SELECT语句的一般格式

SELECT语句的一般格式：

SELECT[ALL|DISTINCT]<目标列表达式>[别名][,<目标列表达式>[别名]]…
FROM<表名或视图名>[别名][,表名或视图名>[别名]]…|(<SELECT语句>)

[AS]<别名>[WHERE<条件表达式>]

[GROUP BY<列名 1>[HAVING<条件表达式>]]

[ORDER BY<列名 2>[ASC|DESC]];

1. 目标列表达式的可选格式

•*

•<表名>.*

•COUNT([DISTINCT]ALL]*)

•[<表名>.]<属性列名表达式>[,[<表名>.]<属性列名表达式>]…

其中<属性列名表达式>可以是由属性列、作用于属性列的聚集函数和常量的任意算术运算(+, −, *, /)组成的运算公式。

2. 聚集函数的一般格式

COUNT / SUM / AVG / MAX / MIN （[DISTINCT|ALL] <列名>）

3.WHERE 子句的条件表达式的可选格式

（1）

$$\text{<属性列名>}\ \theta \left\{\begin{matrix} \text{<属性列名>} \\ \text{<常量>} \\ \text{[ANY|ALL](SELECT语句)} \end{matrix}\right\}。$$

（2）

$$\text{<属性列名>[NOT]BETWEEN} \left\{\begin{matrix} \text{<属性列名>} \\ \text{<常量>} \\ \text{(SELECT语句)} \end{matrix}\right\} \text{AND} \left\{\begin{matrix} \text{<属性列名>} \\ \text{<常量>} \\ \text{(SELECT语句)} \end{matrix}\right\}。$$

（3）

$$\text{<属性列名>[NOT]IN} \left\{\begin{matrix} \text{(<值1>[,<值2>]…)} \\ \\ \text{(SELECT语句)} \end{matrix}\right\}。$$

（4）<属性列名> [NOT] LIKE <匹配串>。

（5）<属性列名> IS [NOT] NULL。

（6）[NOT] EXISTS (SELECT 语句)。

（7）<条件表达式>AND /OR<条件表达式> [AND/ OR<条件表达>…]。

3.5 视　　图

视图是从一个或几个基本表(或视图)导出的表。

3.5.1 定义视图

1.建立视图

SQL用CREATEVIEW命令建立视图,其一般格式为:

CREATE VIEW<视图名>[(<列名>[,<列名>]…)]

AS<子查询>

[WITH CHECK OPTION];

其中,子查询可以是任意的SELECT语句,是否可以含有ORDER BY子句和DISTINT短语,则取决于具体系统的实现。

2.删除视图

该语句的格式为:

DROP VIEW<视图名>[CASCADE];

视图删除后视图的定义将从数据字典中删除。

3.5.2 查询视图

关系数据库管理系统执行对视图的查询时,首先进行有效性检查,检查查询中涉及的表、视图等是否存在。如果存在,则从数据字典中取出视图的定义,把定义中的子查询和用户的查询结合起来,转换成等价的对基本表的查询,然后再执行修正了的查询。

3.5.3 更新视图

更新视图是指通过视图来插入(INSERT)、删除(DELETE)和修改(UPDATE)数据。由于视图是不实际存储数据的虚表,因此对视图的更新最终要转换为对基本表的更新。像查询视图那样,对视图的更新操作也是通过视图消解,转换为对基本表的更新操作。

3.5.4 视图的作用

(1)视图能够简化用户的操作。

(2)视图使用户能以多种角度看待同一数据。

(3)视图对重构数据库提供了一定程度的逻辑独立性。

(4)视图能够对机密数据提供安全保护。

(5)适当利用视图可以更清晰地表达查询。

3.6 索　引

索引是RDBMS的内部实现技术，属于内模式范畴。索引是数据库中额外创建的对象，需要占用一定的存储空间。索引有很多分类，包括唯一索引、聚簇索引等。

1.创建索引

创建索引的关键字为CREATE INDEX，其语法格式为：

```
CREATE [UNIQUE] [CLUSTER] INDEX<索引名>
ON<表名>(<列名>[次序] [,<列名> [<次序>]]…);
```

索引可以建立在一列上或多列上，列之间用逗号分隔，每个列后还可以用ASC（升序）或DESC（降序）指定升序或者降序，默认为ASC。

2.删除索引

删除索引后，系统自动回收索引占用的空间。删除索引的语法格式为：

```
DROP INDEX <索引名>;
```

3.7 自我检测

3.7.1 选择题

1.SQL语言是______的语言，易学习。

A.过程化　　B.非过程化　　C.格式化　　D.导航式

2.SQL语言是______语言。

A.层次数据库　　B.网络数据库　　C.关系数据库　　D.非数据库

3.关系模式在SQL中对应______，子模式对应视图，存储模式对应存储文件。

A.外模式　　B.基本表　　C.视图　　D.存储文件

4.SQL语言具有______的功能。

A.关系规范化、数据操纵、数据控制

B.数据定义、数据操纵、数据控制

C.数据定义、关系规范化、数据控制

D.数据定义、关系规范化、数据操纵

5.在SQL中，用户可以直接操作的是______。

A.存储文件　　B.模式　　C.基本表和视图　　D.以上都不对

6.在SQL的查询语句中，对应关系代数中“投影”运算的语句是______。

A.WHERE　　B.FROM　　C.SELECT　　D.HAVING

7.在SQL的SELECT语句中，与选择运算对应的命令动词是______。

A.SELECT　　B.FROM　　C.WHERE　　D.ORDER BY

8.SELECT语句执行结果是______。

A.数据项　　B.元组　　C.临时表　　D.数据库

9.在SQL语句中,对输出结果排序的语句是______。

A.GROUP BY　　B.ORDER BY　　C.WHERE　　D.HAVING

10.在SELECT语句中,需对分组情况满足的条件进行判断时,应使用______。

A.WHERE　　B.GROUP BY　　C.ORDER BY　　D.HAVING

11.在SELECT语句中,使用MAX(列名)时,该“列名”______。

A.必须是数值型　　B.必须是字符型

C.必须是数值型或字符型　　D.不限制数据类型

12.在SELECT语句中,使用GROUP BY学号时,学号必须______。

A.在WHERE中出现　　B.在FROM中出现

C.在SELECT中出现　　D.在HAVING中出现

13.当FROM子句中出现多个基本表或视图时,系统将执行______操作。

A.并　　B.等值连接　　C.自然连接　　D.笛卡尔积

14.使用CREATE TABLE语句建立的是______。

A.数据库　　B.表　　C.视图　　D.索引

15.下列SQL语句中,修改表结构的是______。

A.ALTER　　B.CREATE　　C.UPDATE　　D.INSERT

16.在SQL中使用UPDATE语句对表中数据进行修改时,应使用的子句是______。

A.WHERE　　B.FROM　　C.VALUES　　D.SET

17.在SQL中,谓词“EXISTS”的含义是______。

A.全称量词　　B.存在量词　　C.自然连接　　D.等值连接

18.在SQL中,与“NOTIN”等价的操作符是______。

A.=SOME　　B.<>SOME　　C.=ALL　　D.<>ALL

19.视图建立后,在数据字典中存放的是______。

A.查询语句　　B.组成视图的表的内容

C.视图的定义　　D.产生视图的表的定义

20.视图是一个“虚表”,视图的构造基于______。

A.基本表　　B.视图　　C.基本表或视图　　D.数据字典

21.关系代数中的笛卡尔积运算符对应SQL语句中的以下______子句。

A.SELECT　　B.FROM　　C.WHERE　　D.GROUP BY

22.在SQL的排序子句“ORDER BY总分DESC,英语DESC;”表示______。

A.总分和英语分数都是最高的在前面

B.总分和英语分数之和最高的在前面

C. 总分高的在前面,总分相同时英语分数高的在前面

D. 总分和英语分数之和最高的在前面,相同时英语分数高的在前面

23. 在T-SQL语言中,用于删除一个视图的命令的关键字是______。

A.DELETE　　B.DROP　　C.CLEAR　　D.REMOVE

24. 下列SQL语句中,能实现数据检索的是______。

A.SELECT　　B.INSERT　　C.UPDATE　　D.DELETE

25. 假定学生关系是*S*(S#, SNAME, SEX, AGE),课程关系是*C*(C#, CNAME, TEACHER),学生选课关系是*SC*(S#, C#, GRADE)。要查找选修"COMPUTER"课程的"女"学生姓名,将涉及关系______。

A.*S*　　B.*SC*, *C*　　C.*S*, *SC*　　D.*S*, *C*, *SC*

26. 若用如下的SQL语句创建一个Student表:

```
CREATE TABLE Student
(NO Char(4) NOT NULL,
NAME Char(8) NOT NULL,
SEX Char(2),
AGE tinyint
)
```

可以插入Student表中的是______。

A.('1031','曾华','男',23)　　B.('1031','曾华',NULL,NULL)

C.(NULL,'曾华','男','23')　　D.('1031',NULL,'男','23')

27. 以下关于聚集索引和非聚集索引说法正确的是______。

A. 每个表只能建立一个非聚集索引

B. 每个表只能建立一个聚集索引

C. 一个表上不能同时建立聚集和非聚集索引

D. 以上都不对

28.SQL语言的数据操纵语句包括SELECT, INSERT, UPDATE和DELETE等,其中最重要的,也是使用最频繁的语句是______。

A.SELECT　　B.INSERT　　C.UPDATE　　D.DELETE

29. 为数据表创建索引的目的是______。

A. 提高查询的检索性能　　B. 创建唯一索引

C. 创建主键　　D. 归类

30. 视图的优点之一是______。

A. 提高数据的逻辑独立性　　B. 提高查询效率

C. 操作灵活　　D. 节省存储空间

3.7.2　填空题

1.SQL是__________。

2.SQL语言的数据定义功能包括________、________、________和________。

3.视图是一个虚表，它是从__________中导出的表。在数据库中，只存放视图的__________，不存放视图的__________。

4.设有如下关系表R、S和T：

R(NO，NAME，SEX，WORK_NO)

S(WORK_NO，WORK_NAME)

T(NO，NAME，SEX，WORK_NO)

(1)实现R∪T的SQL语句是____。

(2)实现$\sigma_{WORK_NO='100'}(R)$的SQL语句是________________________________。

(3)实现$\Pi_{NAME,SEX}(R)$的SQL语句是____。

(4)实现$\Pi_{NAME,WORK_NO}(\sigma_{SEX='女'}(R))$的SQL语句是____________________________。

(5)实现$R*S$的SQL语句是____。

(6)实现$\Pi_{NAME,SEX,WORK_NO}(\sigma_{SEX='男'}(R*S))$的SQL语句是____。

5.设有如下关系表R：

R(NO，NAME，SEX，AGE，CLASS)

其中NO为学号，NAME为姓名，SEX为性别，AGE为年龄，CLASS为班号，主码是NO。写出实现下列功能的SQL语句。

(1)插入一个记录(25，'李丽'，'女'，21，'21031')。

(2)插入“21031”班学号为30、姓名为“郑和”的学生记录。

(3)将学号为10的学生姓名改为“王华”。

(4)将所有“21101”班号改为“21091”。

(5)删除学号为20的学生记录。

(6)删除“王”姓的学生记录。

6.在CREATE TABLE时，用户定义的完整性可以通过__________、__________、__________。

7.关系R的属性A参照引用关系T的属性A，T的某条元组对应的A属性值在R中出现，当要删除T的这条元组时，系统可以采用的策略是__________、__________、__________。

8.SQL的特点：__________、__________、__________、__________、__________。

9.视图的作用：__________、__________、__________、__________、__________。

10.CREATE UNIQUE INDEX AAA ON 学生表(学号)语句在学生表上创建名为AAA的__________。

3.7.3 判断题

1. 在SQL中,ALTER TABLE语句中MODIFY用于修改字段的类型和长度等,ADD用于添加新的字段。 (　　)

2. 可以将查询结果送入一个新表中。 (　　)

3. 一个基本表只能存储在一个文件中,一个存储文件中只能存放一个基本表。 (　　)

4. 在SELECT语句中,对分组情况满足的条件进行判断时,应使用WHERE子句。 (　　)

5. 在SQL查询语句中,FROM子句中只能出现基本表名。 (　　)

6. 当修改一个视图时,将对相应的基本表产生影响。 (　　)

7. 当建立和删除一个视图时,对相应的基本表没有影响。 (　　)

8. 视图是虚表,观察到的数据是实际基本表中的数据。 (　　)

9. 视图可以看成虚表,因为它是从基表中提取数据,自己不存储数据。 (　　)

10. 视图是观察数据的一种方法,只能基于基本表建立。 (　　)

3.7.4 简答题和综合题

1. 简述SQL语言的三级逻辑结构。

2. 叙述使用SQL语言实现各种关系运算的方法。

3. 有两个关系:

C(CNO,CNAME,PCNO)

SC(SNO,CNO,GRADE)

其中,*C*为课程表关系,对应的属性分别是课程号、课程名和选修课号,*SC*为学生选课表关系,对应的属性分别是学号、课程号和成绩。用SQL语言写出:

(1)对关系*SC*中课程号为C1的选择运算。

(2)对关系*C*的课程号、课程名的投影运算。

(3)上述两个关系的自然连接运算。

(4)求每一门课程的间接选修课(即选修课的选修课)。

4. 设有如图3.1所示的*A*、*B*、*AB*三个关系,并假定这三个关系框架组成的数据模型就是用户子模式。其中各个属性的含义如下:A#(商店代号)、ANAME(商店名)、WQTY(店员人数)、CITY(所在城市)、B#(商品号)、BNAME(商品名称)、PRICE(价格)、QTY(商品数量)。试用SQL语言写出下列查询,并给出执行结果。

A

A#	ANAME	WQTY	CITY
101	韶山商店	15	长沙
204	前门百货商店	89	北京
256	东风商场	501	北京
345	铁道商店	76	长沙
620	第一百货公司	413	上海

B

B#	BNAME	PRICE
1	毛笔	21
2	羽毛球	784
3	收音机	1 325
4	书包	242

AB

A#	B#	QTY
101	1	105
101	2	42
101	3	25
101	4	104
204	3	61
256	1	241
256	2	91
345	1	141
345	2	18
345	4	74
602	4	125

图3.1

(1)找出店员人数不超过100人或者在长沙市的所有商店的代号和商店名。

(2)找出供应书包的商店名。

(3)找出至少供应代号为256的商店所供应的全部商品的商店名和所在城市。

5.设有图书登记表TS,具有属性:BNO(图书编号),BC(图书类别),BNA(书名),AU(著者),PUB(出版社)。按下列要求用SQL语言进行设计:

(1)按图书馆编号BNO建立TS表的索引ITS。

(2)查询,按出版社统计其出版图书总数。

(3)删除索引ITS。

6.已知三个关系R、S和T,如图3.2所示。试用SQL语句实现如下操作:

(1)将R、S和T三个关系按关联属性建立一个视图R-S-T。

(2)对视图R-S-T按属性A分组后,求属性C和E的平均值。

R

A	B	C
a_1	b_1	20
a_1	b_2	22
a_2	b_1	18
a_2	b_3	24

S

A	D	E
a_1	d_1	15
a_2	d_2	18
a_1	d_2	24

T

D	F
d_2	f_2
d_3	f_3

图3.2

7.设有关系R和S,如图3.3所示。试用SQL语句实现:

(1)查询属性C>50时,R中与相关联的属性B之值。

(2)当属性C=40时,将R中与之相关联的属性B值修改为b_4。

R

A	*B*
a_1	b_1
a_2	b_2
a_3	b_3

S

A	*C*
a_1	40
a_2	50
a_3	55

图3.3

8.已知*R*和*S*两个关系如图3.4所示，执行如下SQL语句：

R

A	*B*	*C*
a_1	b_1	c_1
a_2	b_2	c_2
a_3	b_3	c_2

S

C	*D*	*E*
c_1	d_1	e_1
c_2	d_2	e_2
c_3	d_2	e_2

图3.4

①CREATE SQL VIEW H (A,B,C,D,E)

AS SELECT A,B,R.C,D,E

FROM R,S

WHERE R.C=S.C;

②SELECT B,D,E

FROM H

WHERE C='C2'

试给出：

(1)视图H；

(2)对视图H的查询结果。

9.已知学生表*S*和学生选课表*SC*。其关系模式如下：

S(SNO,SN,SD,PROV)

SC(SNO,CN,GR)

其中，SNO为学号，SN为姓名，SD为系名，PROV为省区，CN为课程名，GR为分数。试用SQL语言实现下列操作：

(1)查询“信息系”的学生来自哪些省区。

(2)按分数降序排序，输出“英语系”学生选修了“计算机”课程的学生的姓名和分数。

10.如图3.5所示，

学生表：Student(Sno,Sname,Ssex,Sage,Sdept)，

课程表：Course(Cno,Cname,Cpno,Ccredit)，Cpno参照于Cno，

学生选课表：SC(Sno,Cno,Grade)。

用SQL语句完成以下试题。

Student

学号 Sno	姓名 Sname	性别 Ssex	年龄 Sage	所在系 Sdept
202115121	李明	男	20	CS
202115122	王晨	女	19	CS
202115123	刘敏	女	18	MA
202115125	张立	男	19	IS

Course

课程号 Cno	课程名 Cname	先行课 Cpno	学分 Ccredit
1	数据库	5	4
2	数学		2
3	信息系统	1	4
4	操作系统	6	3
5	数据结构	7	4
6	数据处理		2
7	PASCAL语言	6	4

SC

学号 Sno	课程号 Cno	成绩 Grade
201215121	1	92
201215121	2	85
201215121	3	88
201215122	2	90
201215122	3	80

图3.5

(1)建立学生表Student。学号是主码,姓名取值不为空。

(2)建立一个课程表Course。

(3)建立一个学生选课表SC。

(4)向Student表中增加“入学时间”列,其数据类型为日期型。

(5)删除Student表。

(6)查询全体学生的学号与姓名。

(7)查询全体学生的姓名、学号、所在系。

(8)查询全体学生的详细记录。

(9)查询全体学生的姓名及其出生年份。

(10)查询选修了课程号为2和4的学生学号。

(11)查询选修了课程的学生学号。

(12)查询计算机科学系(CS)全体学生的名单。

(13)查询所有年龄在20岁以下的学生姓名及其年龄。

(14)查询考试成绩有不及格的学生的学号。

(15)查询年龄在20~23岁(包括20岁和23岁)的学生的姓名、系别和年龄。

(16)查询年龄不在20~23岁的学生姓名、系别和年龄。

(17)查询计算机科学系(CS)、数学系(MA)和信息系(IS)学生的姓名和性别。

(18)查询既不是计算机科学系、数学系,也不是信息系的学生的姓名和性别。

(19)查询学号为202115121的学生的详细情况。

(20)查询所有“刘”姓学生的姓名、学号和性别。

(21)查询姓“欧阳”且全名为三个汉字的学生的姓名。

(22)查询名字中第二个字为“阳”字的学生的姓名和学号。

(23)查询所有不是“刘”姓的学生姓名、学号和性别。

(24)查询DB_Design课程的课程号和学分。

(25)查询以"DB_"开头,且倒数第3个字符为i的课程的详细情况。

(26)某些学生选修课程后没有参加考试,所以有选课记录,但没有考试成绩。查询缺少成绩的学生的学号和相应的课程号。

(27)查询所有有成绩的学生学号和课程号。

(28)查询计算机科学系年龄在20岁以下的学生姓名。

(29)查询计算机科学系(CS)、数学系(MA)和信息系(IS)学生的姓名和性别。

(30)查询选修了3号课程的学生的学号及其成绩,查询结果按分数降序排列。

(31)查询全体学生情况,查询结果按所在系的系号升序排列,同一系中的学生按年龄降序排列。

(32)查询学生总人数。

(33)查询选修了课程的学生人数。

(34)计算1号课程的学生平均成绩。

(35)查询选修1号课程的学生最高分数。

(36)查询学生202115012选修课程的总学分数。

(37)查询各个课程号及相应的选课人数。

(38)查询选修了3门以上课程的学生学号。

(39)查询平均成绩大于等于90分的学生学号和平均成绩。

(40)查询每个学生及其选修课程的情况。

(41)查询选修2号课程且成绩在90分以上的所有学生的学号和姓名。

(42)查询每个学生的学号、姓名、选修的课程名及成绩。

(43)查询与"刘敏"在同一个系学习的学生。

(44)查询选修了课程名为"信息系统"的学生学号和姓名。

(45)查询每个学生超过"刘敏"选修课程平均成绩的课程号。

(46)查询非计算机科学系中比计算机科学系任意一个学生年龄小的学生姓名和年龄。

(47)查询非计算机科学系中比计算机科学系所有学生年龄都小的学生姓名及年龄。

(48)查询所有选修了1号课程的学生姓名。

(49)查询没有选修1号课程的学生姓名。

(50)在信息系学生的视图中找出年龄小于20岁的学生。

(51)查询选修了全部课程的学生姓名。

(52)查询至少选修了学生201215122选修的全部课程的学生号码。

(53)查询计算机科学系的学生及年龄不大于19岁的学生。

(54)查询选修了课程1或者选修了课程2的学生。

（55）查询计算机科学系的学生与年龄不大于19岁的学生的交集。

（56）查询既选修了课程1又选修了课程2的学生。

（57）查询计算机科学系的学生与年龄不小于19岁的学生的差集。

（58）查询总学分超过6分的同学学号、姓名、选修课的门数、总学分。

（59）将一个新学生元组（学号：201215128；姓名：陈冬；性别：男；所在系：IS；年龄：18岁）插入Student表中。

（60）插入一条选课记录（'200215128','1'）。

（61）将学生张成民的信息插入Student表中。

（62）对每一个系，求学生的平均年龄，并把结果存入数据库，首先在数据库中建立一个新表，其中一列存放系名，另一列存放相应的学生平均年龄。

（63）将学生202115121的年龄改为22岁。

（64）将所有学生的年龄增加1岁。

（65）将计算机科学系全体学生的成绩置零。

（66）删除学号为202115128的学生记录。

（67）删除所有的学生选课记录。

（68）删除计算机科学系所有学生的选课记录。

（69）向SC表中插入一个元组，学生号为202115126，课程号为1，成绩为空。

（70）将Student表中学生号为202115200的学生所属的系改为空值。

（71）从Student表中找出漏填了数据的学生信息。

（72）找出选修1号课程的不及格的学生。

（73）选出选修1号课程的不及格的学生以及缺考的学生。

（74）建立信息系学生的视图。

（75）对信息系学生的视图进行修改和插入操作，但仍需保证该视图只有信息系的学生。

（76）建立信息系选修了1号课程的学生的视图（包括学号、姓名、成绩）。

（77）建立信息系选修了1号课程且成绩在90分以上的学生的视图。

（78）定义一个反映学生出生年份的视图。

（79）将学生的学号及平均成绩定义为一个视图。

（80）将Student表中所有女生记录定义为一个视图。

第4章　关系查询处理和查询优化

4.1　关系数据库系统的查询处理

查询处理是关系数据库管理系统执行查询语句的过程，包括语法分析、正确性验证、查询优化以及查询执行等活动。其任务是把用户提交给关系数据库管理系统的查询语句转换为高效的查询执行计划。

4.1.1　查询处理步骤

关系数据库管理系统查询处理可以分为四个步骤：查询分析、查询检查、查询优化和查询执行。

1. 查询分析

对查询语句进行扫描、词法分析和语法分析。

2. 查询检查

对合法的查询语句进行语义检查，即根据数据字典中有关的模式定义检查语句中的数据库对象。关系数据库管理系统一般都用查询树（语法分析树）表示扩展的关系代数表达式。

3. 查询优化

按照优化的层次一般可将查询优化分为代数优化和物理优化。

代数优化：关系代数表达式的优化，即按照一定的规则，通过对关系代数表达式进行等价变换，改变代数表达式中操作的次序和组合，使查询执行更高效。

物理优化：存取路径和底层操作算法的选择。选择的依据可以是基于规则的，也可以是基于代价的，还可以是基于语义的。

4. 查询执行

依据优化器得到的执行策略生成查询执行计划，由代码生成器生成执行这个查询计划的代码，然后加以执行，回送查询结果。

4.1.2　实现查询操作的算法示例

1. 选择操作的实现

SELECT语句有许多选项,因此实现的算法和优化策略也很复杂。

(1)简单的全表扫描算法。

假设可以使用的内存为M块,全表扫描的算法思想如下:

①按照物理次序读表的M块到内存。

②检查内存的每个元组,如果元组满足选择条件,则输出元组。

③如果表还有其他块未被处理,重复①和②。

(2)索引扫描算法。

如果选择条件中的属性上有索引,可以用索引扫描方法,通过索引先找到满足条件的元组指针,再通过元组指针在查询的基本表中找到元组。

2. 连接操作的实现

连接操作是查询处理中最常用也是最耗时的操作之一。人们对它进行了深入的研究,提出了一系列的算法。

(1)嵌套循环算法。

这是最简单可行的算法。对外层循环的每一个元组,检索内层循环中的每一个元组,并检查这两个元组在连接属性上是否相等。如果满足连接条件,则串接后作为结果输出,直到外层循环表中的元组处理完为止。

(2)排序-合并算法。

这是等值连接常用的算法,尤其适合参与连接的诸表已经排好序的情况。

排序-合并连接算法的步骤:

①如果参与连接的表没有排好序,首先对A表和B表按连接属性C排序。

②取A表中第一个C,依次扫描B表中具有相同C的元组,把它们连接起来。

③当扫描到C不相同的第一个B元组时,返回A表扫描它的下一个元组,再扫描B表中具有相同C的元组,把它们连接起来。

重复上述步骤直到A表扫描完。

(3)索引连接(index join)算法。

索引连接算法的步骤:

①在B表上已经建立了属性C的索引。

②对A中每一个元组,由C值通过B的索引查找相应的B元组。

③把这些B元组和A元组连接起来。

循环执行②③,直到A表中的元组处理完为止。

(4)hash join算法。

hash join算法也是处理等值连接的算法。它把连接属性作为hash码,用同一个

hash函数把*A*表和*B*表中的元组散列到hash表中。

第一步，划分阶段，也称为创建阶段，即创建hash表。对包含较少元组的表（如Student表）进行一遍处理，把它的元组按hash函数（hash码是连接属性）分散到hash表的桶中；

第二步，试探阶段，也称为连接阶段，对另一个表（*B*表）进行一遍处理，把*B*表的元组也按同一个hash函数（hash码是连接属性）进行散列，找到适当的hash桶，并把*B*元组与桶中来自*A*表并与之相匹配的元组连接起来。

4.2 关系数据库系统的查询优化

4.2.1 查询优化概述

查询优化的优点不仅在于用户不必考虑如何最好地表达查询以获得较高的效率，而且在于系统可以比用户程序的“优化”做得更好。原因如下：

（1）优化器可以从数据字典中获取许多统计信息，例如每个关系表中的元组数、关系中每个属性值的分布情况、哪些属性上已经建立了索引等。

（2）如果数据库的物理统计信息改变了，系统可以自动对查询进行重新优化以选择相适应的执行计划。

（3）优化器可以考虑数百种不同的执行计划，而程序员一般只能考虑有限的几种可能性。

（4）优化器中包括了很多复杂的优化技术，这些优化技术往往只有最好的程序员才能掌握。

在集中式数据库中，查询执行开销主要包括磁盘存取块数（I/O代价）、处理机时间（CPU代价）以及查询的内存开销。在分布式数据库中还要加上通信代价，即

总代价=I/O代价+CPU代价+内存代价+通信代价

4.2.2 优化的必要性及策略

1. 优化的必要性

查询优化极大地影响RDBMS的性能。不同的查询策略其执行时间可能差别很大。

2. 优化的一般策略

（1）选择、投影运算应尽可能先做。

（2）把选择和投影运算同时进行。

（3）在执行连接前对文件适当地预处理。

（4）把投影同其前或其后的双目运算结合起来。

(5)把某些选择和笛卡尔乘积结合起来成为连接运算。

(6)找出公共子表达式。

4.3 代数优化

4.3.1 关系代数表达式等价变换规则

1.连接、笛卡尔积的交换律

设E_1和E_2是关系代数表达式,F是连接运算的条件,则有

$$E_1 \times E_2 \equiv E_2 \times E_1$$

$$E_1 \bowtie E_2 \equiv E_2 \bowtie E_1$$

$$E_1 \underset{F}{\bowtie} E_2 \equiv E_2 \underset{F}{\bowtie} E_1$$

2.连接、笛卡尔积的结合律

设E_1、E_2、E_3是关系代数表达式,F_1和F_2是连接运算的条件,则有

$$(E_1 \times E_2) \times E_3 \equiv E_1 \times (E_2 \times E_3)$$

$$(E_1 \bowtie E_2) \bowtie E_3 \equiv E_1 \bowtie (E_2 \bowtie E_3)$$

$$(E_1 \underset{F_1}{\bowtie} E_2) \underset{F_2}{\bowtie} E_3 \equiv E_1 \underset{F_1}{\bowtie} (E_2 \underset{F_2}{\bowtie} E_3)$$

3.投影的串接定律

$$\Pi_{A_1,A_2,\cdots,A_n}(\Pi_{B_1,B_2,\cdots,B_m}(E)) \equiv \Pi_{A_1,A_2,\cdots,A_n}(E)$$

这里,E是关系代数表达式,$A_i(i=1,2,\cdots,n)$,$B_j(j=1,2,\cdots,m)$是属性名,且$\{A_1,A_2,\cdots,A_n\}$构成$\{B_1,B_2,\cdots,B_m\}$的子集,即其中$\{A_1,A_2,\cdots,A_n\} \subseteq \{B_1,B_2,\cdots,B_m\}$。

4.选择的串接定律

$$\sigma_{F_1}(\sigma_{F_2}(E)) \equiv \sigma_{F_1 \wedge F_2}(E)$$

这里,E是关系代数表达式,F_1、F_2是选择条件。

5.选择与投影操作的交换律

$$\sigma_F(\Pi_{A_1,A_2,\cdots,A_n}(E)) \equiv (\Pi_{A_1,A_2,\cdots,mA_n}(\sigma_F))$$

这里,选择条件F只涉及属性$A_1,\cdots,A_n$。

若F中有不属于$A_1,\cdots,A_n$的属性$B_1,\cdots,B_m$,则有更一般的规则:

$$\Pi_{A_1,A_2,\cdots,mA_n}(\sigma_F(E)) = \Pi_{A_1,A_2,\cdots,A_n}(\sigma_F(\Pi_{A_1,A_2,\cdots,A_n,B_1,B_2,\cdots,B_m}(E)))$$

6.选择与笛卡尔积的交换律

如果F中涉及的属性都是E_1中的属性,则

$$\sigma_F(E_1 \times E_2) \equiv \sigma_F(E_1) \times E_2$$

如果$F=F_1 \wedge F_2$,并且F_1只涉及E_1中的属性,F_2只涉及E_2中的属性,则由上面的等价变换规则1,4,6可推出

$$\sigma_F(E_1 \times E_2) \equiv \sigma_F(E_1) \times \sigma_F(E_2)$$

若 F_1 只涉及 E_1 中的属性，F_2 涉及 E_1 和 E_2 两者的属性，则仍有

$$\sigma_F(E_1 \times E_2) \equiv \sigma_{F_2}(\sigma_{F_1}(E_1) \times E_2)$$

它使部分选择在笛卡尔积前先做。

7.选择与并的分配律

设 $E=E_1 \cup E_2$，E_1、E_2 有相同的属性名，则

$$\sigma_F(E_1 \cup E_2) \equiv \sigma_F(E_1) \cup \sigma_F(E_2)$$

8.选择与差运算的分配律

若 E_1 与 E_2 有相同的属性名，则

$$\sigma_F(E_1 - E_2) \equiv \sigma_F(E_1) - \sigma_F(E_2)$$

9.选择对自然连接的分配律

$$\sigma_F(E_1 \bowtie E_2) \equiv \sigma_F(E_1) \bowtie \sigma_F(E_2)$$

F 只涉及 E_1 与 E_2 的公共属性。

10.投影与笛卡尔积的分配律

设 E_1 和 E_2 是两个关系表达式，$A_1, \cdots, A_n$ 是 E_1 的属性，$B_1, \cdots, B_m$ 是 E_2 的属性，则

$$\Pi_{A_1,A_2,\cdots,A_n,B_1,B_2,\cdots,B_m}(E_1 \times E_2) \equiv \Pi_{A_1,A_2,\cdots,A_n}(E_1) \times \Pi_{B_1,B_2,\cdots,B_m}(E_2)$$

11.投影与并的分配律

设 E_1 和 E_2 有相同的属性名，则

$$\Pi_{A_1,A_2,\cdots,A_n}(E_1 \cup E_2) \equiv \Pi_{A_1,A_2,\cdots,A_n}(E_1) \cup \Pi_{A_1,A_2,\cdots,A_n}(E_2)$$

4.3.2 查询树的启发式优化

典型的启发式规则有：

(1)选择运算应尽可能先做。

(2)把投影运算和选择运算同时进行。

(3)把投影同其前或后的双目运算结合起来。

(4)把某些要执行的笛卡尔积结合起来成为一个连接运算。

(5)找出公共子表达式。

4.4 物理优化

物理优化就是要选择高效合理的操作算法或存取路径，求得优化的查询计划，达到查询优化的目标。

可以选择的方法：

(1)基于规则的启发式优化。启发式规则是指那些在大多数情况下都适用，但不

是在每种情况下都是最好的规则。

(2)基于代价估算的优化。使用优化器估算不同执行策略的代价,并选出具有最小代价的执行计划。

(3)两者结合的优化方法。查询优化器通常会把这两种技术结合在一起使用。

1.选择操作的启发式规则

对于小关系,即使选择列上有索引也使用全表顺序扫描。

对于大关系,启发式规则有:

(1)对于选择条件是“主码=值”的查询,查询结果最多是一个元组,可以选择主码索引。

(2)对于选择条件是“非主属性=值”的查询,并且选择列上有索引,则要估算查询结果的元组数目。

(3)对于选择条件是属性上的非等值查询或者范围查询,并且选择列上有索引,同样要估算查询结果的元组数目。

(4)对于用AND连接的合取选择条件,如果有涉及这些属性的组合索引,则优先采用组合索引扫描方法;如果某些属性上有一般索引,则可以用索引扫描方法,否则使用全表顺序扫描。

(5)对于用OR连接的析取选择条件,一般使用全表顺序扫描。

2.连接操作的启发式规则

(1)如果两个表都已经按照连接属性排序,则选用排序-合并算法。

(2)如果一个表在连接属性上有索引,则可以选用索引连接算法。

(3)如果上面两个规则都不适用,其中一个表较小,则可以选用hash join算法。

(4)最后可以选用嵌套循环算法,并选择其中较小的表,确切地讲是占用的块数较少的表作为外表(外循环的表)。

4.5　自我检测

4.5.1　选择题

1.设E是关系代数表达式,F_1、E是选取条件表达式,则有______。

A.$\sigma_{F_1}(\sigma_{F_2}(E))\equiv\sigma_{F_1\vee F_2}(E)$　　B.$\sigma_{F_1}(\sigma_{F_2}(E))\equiv\sigma_{F_1\wedge F_2}(E)$

C.$\sigma_{F_1}(\sigma_{F_2}(E))\equiv\sigma_{F_1}(E)$　　D.$\sigma_{F_1}(\sigma_{F_2}(E))=\sigma_{F_2}(E)$

2.设E是关系代数表达式,F是选取条件表达式,并且只涉及$A_1,\cdots,A_n$属性,则有______。

A.$\sigma_F(\Pi_{A_1,\cdots,A_n}(E))=\Pi_{A_1,\cdots,A_n}(\sigma_F(E))$

B. $\sigma_F(\Pi_{A_1,\cdots,A_n}(E)) \equiv \Pi_{A_1,\cdots,A_n}(E)$

C. $\sigma_F(\Pi_{A_1,\cdots,A_n}(E)) \equiv \Pi_{A_1}(\sigma_F(E))$

D. $\Pi_{A_1,\cdots,A_n}(\sigma_F(E)) \equiv \Pi_{A_1,\cdots,A_n}(\sigma_F(\Pi_{A_1,\cdots,A_n,B_1,\cdots,B_m}(E)))$

3. 如果一个系统定义为关系系统,则它必须______。

A. 支持关系数据库　　　　B. 支持选择、投影和连接运算

C. A和B均成立　　　　D. A、B都不需要

4. 如果一个系统为表式系统,那么它支持______。

A. 关系数据结构

B. 关系数据结构与选择、投影和连接

C. 关系数据结构与所有的关系代数操作

D. 关系数据结构、所有的关系代数操作与实体完整性、参照完整性

5. 如果一个系统为关系完备系统,那么它支持______。

A. 关系数据结构

B. 关系数据结构与选择、投影和连接

C. 关系数据结构与所有的关系代数操作

D. 关系数据结构、所有的关系代数操作与实体完整性、参照完整性

6. 如果一个系统为全关系系统,那么它支持______。

A. 关系数据结构

B. 关系数据结构与选择、投影和连接

C. 关系数据结构与所有的关系代数操作

D. 关系数据结构、所有的关系代数操作与实体完整性、参照完整性

7. 关系代数表达式的优化策略中,首先要做的是______。

A. 对文件进行预处理　　　　B. 尽早执行选择运算

C. 执行笛卡尔积运算　　　　D. 投影运算

8. 在关系代数运算中,最费时间和空间的是______。

A. 选择和投影运算　　　　B. 除法运算

C. 笛卡尔积和连接运算　　　　D. 差运算

9. 在下列关系代数表达式的等价优化的叙述中,不正确是______。

A 尽可能早地执行连接　　　　B. 尽可能早地执行选择

C. 尽可能早地执行投影　　　　D. 把笛卡尔积和随后的选择合并成连接运算

10. 根据系统所提供的存取路径,选择合理的存取策略,这种优化方式称为______。

A. 物理优化　　B. 代数优化　　C. 规则优化　　D. 代价估算优化

4.5.2 填空题

1. 关系系统的查询优化既是关系数据库管理系统实现的关键技术,又是关系系统

的优点。因为，用户只要提出＿＿＿＿＿，不必指出＿＿＿＿＿。

2. 在关系代数运算中＿＿＿＿＿、＿＿＿＿＿究竟应采用什么样的策略才能节省时间空间，这就是优化的准则。

3. 在优化算法中，将$\sigma_{F_1 \wedge F_2 \wedge \cdots \wedge F_n}(E)$变换为＿＿＿＿＿。

4. 在RDBMS中，通过某种代价模型计算各种查询的执行代价。在集中式数据库中，查询的执行开销主要包括＿＿＿＿＿和＿＿＿＿＿代价。在多用户数据库中，还应考虑查询的内存代价开销。

5. 代数查询优化的总目标是＿＿＿＿＿＿＿＿＿＿、＿＿＿＿＿＿＿＿＿＿。

4.5.3　判断题

1. 关系完备系统和全关系系统是等价的。（　　）
2. 全关系系统支持关系模型的所有特征。（　　）
3. 关系定义必须支持选择、投影和除运算。（　　）
4. $\sigma_{F_1}(\sigma_{F_2}(E)) \equiv \sigma_{F_1 \vee F_2}(E)$（　　）
5. $\sigma_F(E_1 \cup E_2) = \sigma_F(E_1) \cup E_2$（　　）

4.5.4　简答题与综合题

1. 为什么要对关系代数表达式进行优化?
2. 简述启发式优化规则的主要内容和作用。
3. 查询优化有哪些途径?
4. 名词解释。

（1）最小关系系统；

（2）关系完备系统；

（3）全关系型系统。

第5章　实体-联系建模

5.1　数据模型

数据库中有三类数据模型,即概念模型、逻辑模型、物理模型。

常见的逻辑模型包括层次数据模型、网状数据模型、面向对象数据模型、对象关系数据模型、半结构化数据模型等。逻辑模型是按照计算机系统的观点对数据建模。数据模型包括数据结构、数据操作和数据的完整性约束条件。数据操作包括增、删、改、查,完整性约束有实体完整性、参照完整性和用户自定义完整性。

物理模型则是对数据的最底层抽象,它描述数据在系统内部的表示方式和存取方法。

5.2　概念模型

概念模型的方法有很多种,主要有实体-联系模型(Entity Relationship Model,E-R模型)法、扩展的实体-联系模型(Extended E-R Model,EER模型)法、UML类图法、对象定义语言(Object Definition Language,ODL)法等。

5.3　实体-联系模型

5.3.1　基本概念

(1)实体:指现实世界中实实在在存在的事物,彼此之间相互区别。

(2)实体集:指同种类型实体的集合。

(3)实体型:代表现实世界中具有相同属性的一组对象——类型实体。

(4)属性:实体类型具有的特性。

(5)联系:实体类型间的一组有意义的关联。联系分为实体型内部的联系和实体型之间的联系。

(6)联系的度:参与联系的实体型的个数。

(7)联系上的属性:联系上也可以有属性。

(8)联系的参与约束:分为完全参与和部分参与两种。

(9)弱实体:不能单独存在的实体。

(10)候选码:能够唯一标识每个实体的实例出现的最小属性组。

(11)主码:被指定用来唯一标识实体类型的每个实例出现的候选码。

(12)组合主码:包括两个或两个以上属性的候选关键字。

5.3.2　E-R模型的示例

先给出某公司的数据库需求分析,再给出相应的E-R图,公司的数据库里记录了公司的职工信息、部门信息以及项目信息。该公司的需求分析说明如下。

公司由多个部门组成,每个部门有唯一的名称、编号,以及一个职工负责管理这个部门;数据库中记录了他管理这个部门的开始时间;一个部门可能有多个地址。每个部门管理一些项目,每个项目都有唯一的名称、编号及地址。

数据库中保存了每个职工的名字、社会保险号、地址、工资、性别及出生日期。每个职工都属于一个部门,可能参与了多个项目,这些项目不一定由职工所在的部门管理。公司记录了每个职工参与每个项目的小时数,还记录了每个职工的直接管理者。

数据库中保存了每个职工的家属信息,记录了每个家属的名字、性别、出生日期以及和职工的关系。

这个公司数据库的E-R图,如图5.1所示。

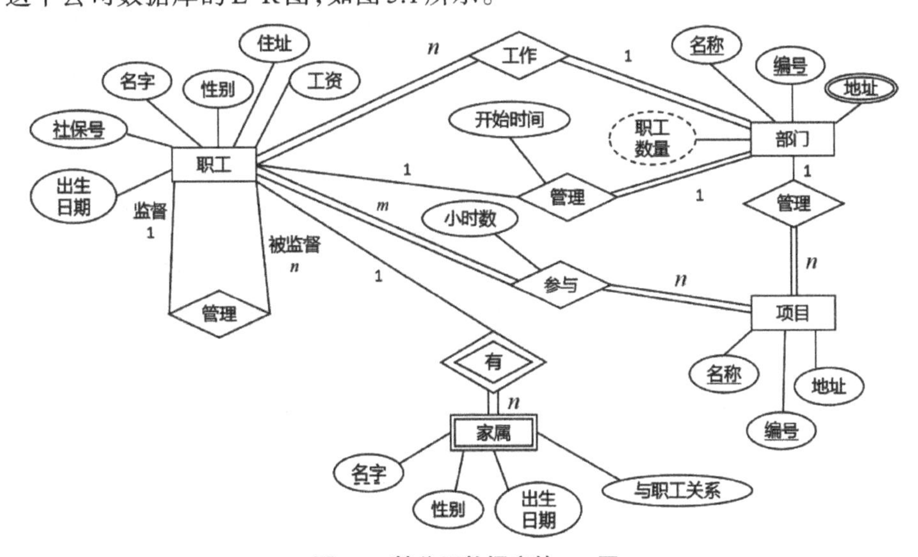

图5.1　某公司数据库的E-R图

5.3.3 E-R图表示法小结

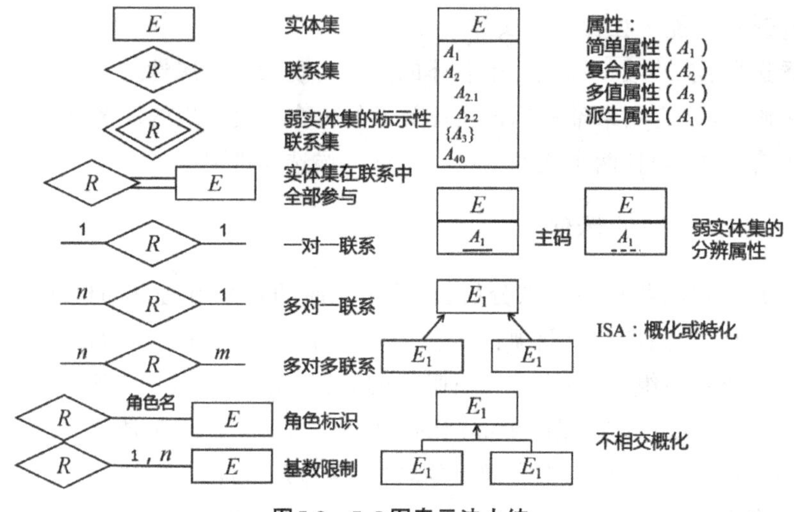

图5.2 E-R图表示法小结

5.3.4 联系的不同表示法

联系的另一种表示方法是最小最大(min: max)表示法，min和max都为整数(0<min≤max，max≥1)，它表示在联系R中，实体型E中的每个实体最少与对方min个实体发生联系，最多与对方max个实体发生联系。

在最小最大表示法中，当min=0时表示部分参与，当min>0时表示完全参与。最小最大表示法蕴涵了联系的基数比，又蕴涵了联系的参与约束，而且表达得更精确。

公司数据库E-R图的最小最大表示法如图5.3所示。

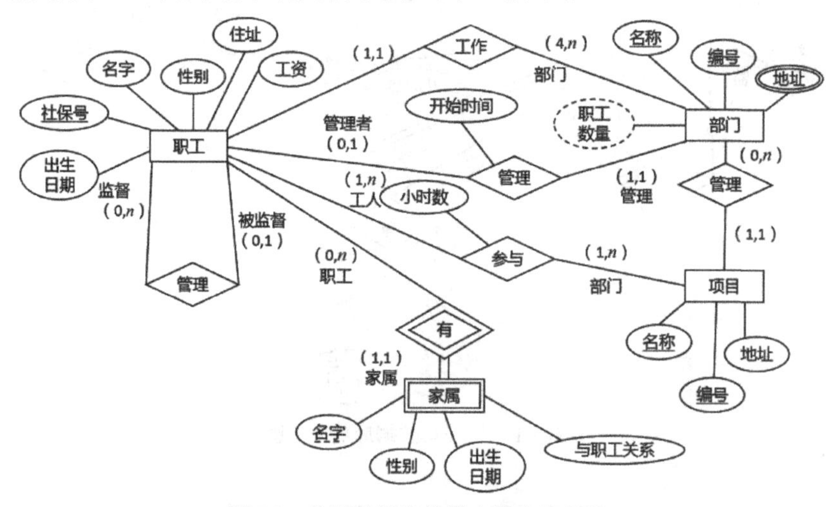

图5.3 公司数据库的最小最大表示法

5.4　E-R图应用举例

学校有若干个系，每个系有若干个班级和教研室，每个教研室有若干个教师，其中有的教授和副教授各带若干个研究生。每个班级有若干个学生，每个学生选修若干门课程，每门课程可由若干个学生选修。用E-R图画出该校的概念模型，如图5.4所示。

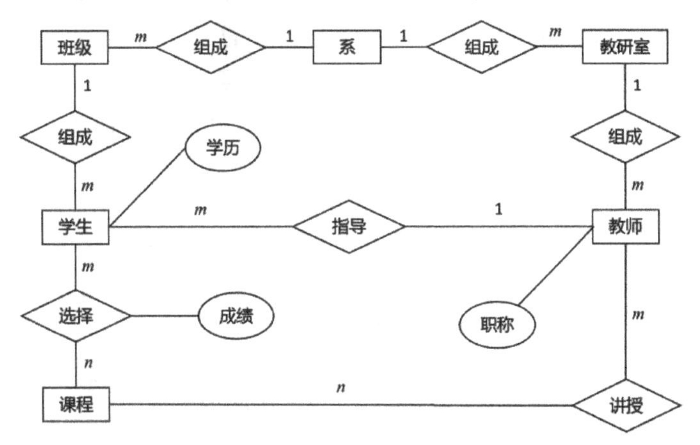

图5.4　学校E-R图应用示例

在该需求分析中主要提到的实体有班级、教研室、教师、学生、课程、系；其中只有教授和副教授才可以带若干个研究生，可以对实体“教师”设置属性“职称”来表示是否有资格指导研究生。同样，研究生是学生中的一部分，还有本科生，因此可以设置属性“学历”来表示学生的类型。如果一句话中涉及多个实体，那就表示这几个实体有联系。例如，每个教研室有若干教师，表示实体教研室与实体教师存在联系，如果需求说明书中没有明确指出联系的类型，我们就根据现实生活中的一般情况来标注联系的类型。例如，每个教研室有若干个教师，根据一般情况，教研室和教师之间为1∶n的联系；类似地，每个系有若干班级也表示系与班级之间为1∶n的联系。

E-R图没有唯一答案，根据需求分析说明书，不同的设计人员模拟出的E-R图经常不同，能够准确地说明需求的E-R图均是合理的。

下面用E-R图来表示某个工厂物资管理的概念模型。

物资管理涉及以下几个实体。

仓库：属性有仓库号、面积、电话号码；

零件：属性有零件号、名称、规格、单价、描述；

供应商：属性有供应商号、姓名、地址、电话号码、账号；

项目：属性有项目号、预算、开工日期；

职工：属性有职工号、姓名、年龄、职称。

这些实体之间的联系如下：

(1)一个仓库可以存放多种零件，一种零件可以存放在多个仓库中，因此仓库和零件具有多对多的联系。用库存量来表示某种零件在某个仓库中的数量。

(2)一个仓库有多个职工当仓库保管员,一个职工只能在一个仓库工作,因此仓库和职工之间是一对多的联系。

(3)职工之间具有领导与被领导关系,即仓库主任领导若干保管员,因此职工实体型中具有一对多的联系。

(4)供应商、项目和零件三者之间具有多对多的联系,即一个供应商可以供给若干项目多种零件,每个项目可以使用不同供应商供应的零件,每种零件可由不同供应商供给。下面给出此工厂的物资管理E-R图,如图5.5所示。其中,图5.5(a)为实体属性图,图5.5(b)为实体联系图,图5.5(c)为完整的E-R图。这里把实体的属性单独画出仅仅是为了更清晰地表示实体及实体之间的联系。

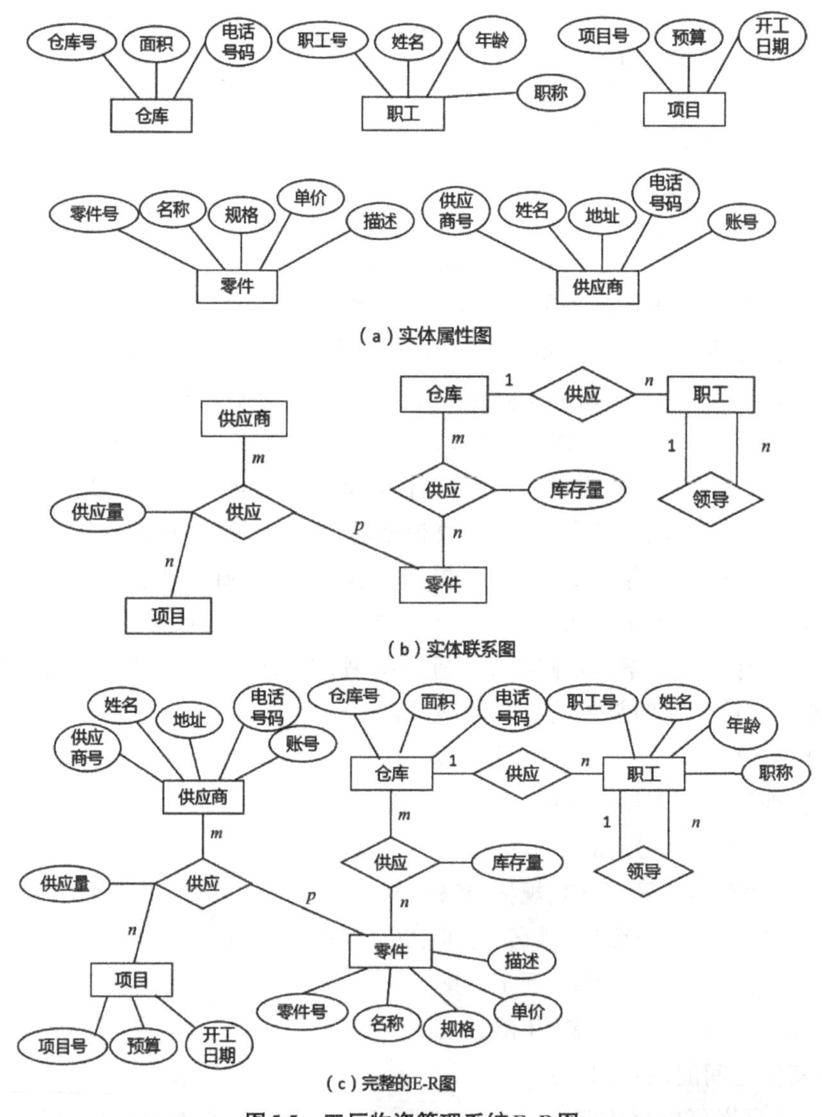

图5.5　工厂物资管理系统E-R图

5.5　扩展的实体-联系模型

扩展的实体-联系模型也称增强的实体-联系模型。除了包含基本的E-R模型概念，EER模型增加了子类、超类（父类）、特化、概化，用来模拟更加复杂或者更加精确的应用，同时还增加了面向对象的概念，如继承，并用聚集表示各联系之间的联系。

5.5.1　扩展的E-R模型的基本概念

1. 父类（超类）/子类

我们经常会碰到某些实体型是某类实体型的子类型，即某实体型有一些不同意义的分组，例如，职工实体型可以分为秘书、工程师、技术员。每个分组都是职工实体型的子集，每个分组叫作职工的子类。

2. 继承

子类继承父类的所有属性，并有自己特殊的属性。

3. 不相交约束

不相交约束是指子类实体不相交，即父类中的一个实体最多只能属于一个子类，使用字母“d”表示不相交。而如果父类的一个实体可以属于多种子类，那么子类实体就是相交的、重叠的，用字母“o”表示。

4. 完备性约束

完备性约束是指完全约束和部分约束。完备性约束是指父类中的实体必须属于子类中的一类，用双竖线表示；部分约束是指可以允许父类中的实体不属于任何子类，用单竖线表示。

5. 二元联系与三元联系的区别

多元联系与实体之间相互的两两之间的联系表达了不同的意思，根据具体的应用环境选择符合应用要求的联系类型。

6. 聚集

聚集是一种特殊的联系，它指的是联系之间的联系。

5.5.2　扩展的E-R模型的示例

下面给出一个具体的例子：一个简化的银行数据库，其需求分析如下。

某个银行由多个分行组成。每个分行有唯一的名字，位于一个特定的城市。银行监管所有分行的资产。

银行的每个客户都有一个唯一的客户编号，用社会保险号表示。银行保存了每个客户的名字、客户居住的城市及街道名称。银行的客户都有自己的账户，可以向银行借贷。每个客户在银行里都有一个专门的银行工作人员为他服务，他有可能是负责借贷的信贷员,也有可能是个人理财顾问。

银行的每个职工都有一个唯一的职工编号。银行保存了每个职工的名字、电话号码、职工家属的名字以及职工的经理的编号,还保存了职工开始工作的日期,从而掌握职工的在职时间。

银行提供两类账户:储蓄账户和支票账户。一个账户可以由多个客户共有,一个客户也可以有多个账户。每个账户都有一个唯一的账户编号。银行里记录了每个账户的余额,还记录了这个账户持有者最近存取款的日期。另外,每个储蓄账户都有一个利率,每个支票账户都有透支额度。

一次贷款发生在特定的分行,该次贷款可能由一个或多个客户共同申请。每次贷款都有一个唯一的贷款编号。对于每一笔贷款,银行都保存了贷款的额度及每次还款日期。虽然还款编号不能唯一标识每次还款,但是相对于一个具体的贷款来说,还款编号是唯一的,而且每次的还款日期及还款额都被记录下来。其E-R图如图5.6所示。

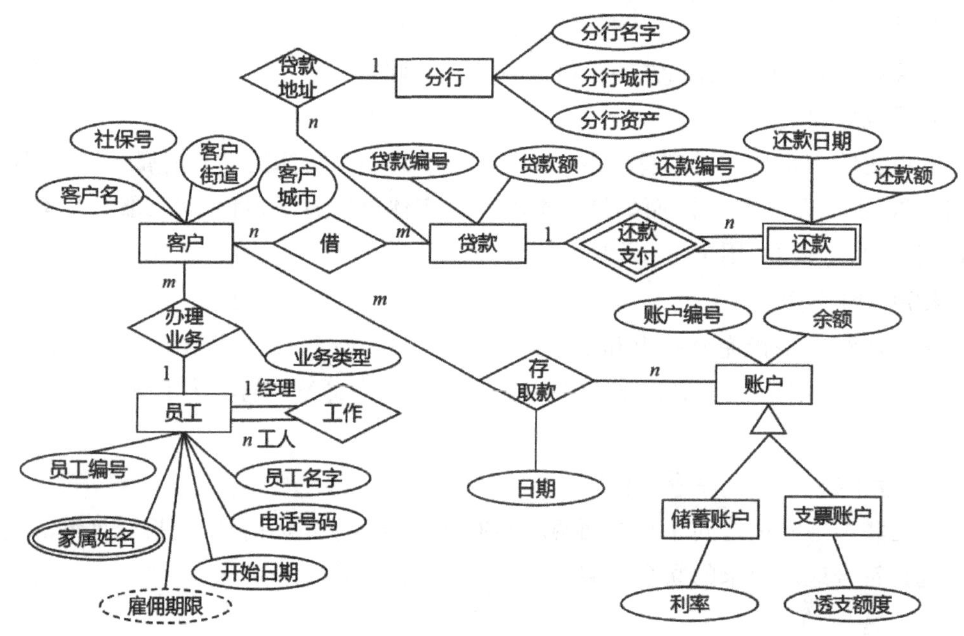

图5.6　银行数据库E-R图示例

上述E-R图具体说明如下。

1.实体及属性信息

该银行数据库里主要记录了分行、职工、客户、账户、贷款、还款实体信息。分行实体的属性包括分行城市、分行资产及分行名字,分行名字具有唯一性。

职工实体的属性包括职工编号、职工名字、电话号码、开始日期、家属名字(可能有多个家属)。

客户实体的属性包括社会保险号、客户名、客户城市名、客户街道名。

账户实体的属性包括账户编号、余额。

贷款实体的属性包括贷款编号、贷款额。

还款实体的属性包含还款编号、还款日期、还款额。

2.二元联系及其属性

每个客户都有一个职工专门为他服务，职工和客户之间存在1:1的联系，服务的类型由职工办理的业务决定。

每个职工都有负责管理他的经理，一个经理管理多个职工，因此在职工内部存在$1:n$的联系。

一个客户可以借多次贷款，一次贷款可以由多个客户共同借贷，因此他们之间存在$n:m$的联系。

每个贷款发生在一个特定的分行，因此，分行和贷款之间存在$1:n$的联系。

一个客户可以有多个账户，一个账户可以有多个客户共同享有，因此，客户和账户之间存在m的联系，并且记录了账户持有者最近存取款的日期，“日期”属于联系上的属性。

3.弱实体

一个贷款有多个还款，一旦贷款还完，则还款也不再存在，因此，还款是依附于贷款的弱实体。

4.父类/子类

根据账户类型的不同，账户实体有储蓄账户和支票账户两个子类，分别包含特殊属性“利率”和“透支额度”。

5.6 E-R及EER模型的设计步骤

E-R模型及EER模型的设计虽然是一个主观的过程，但是我们遵照一定的步骤去执行，可以使得概念模型的设计更加清晰、简单。经过反复的经验积累，总结出概念模型设计的步骤如下：

(1)找出所有实体。

(2)找出每个实体的属性。

(3)找出所有的二元联系及联系上的属性。

(4)找出多元联系及联系上的属性。

(5)找出弱实体。

(6)找出父类与子类。

(7)找出聚集。

以上步骤可以根据具体情况改变顺序。

E-R模型及EER模型的设计要点：

要点1：避免冗余。同样的数据重复存放，容易导致不一致性。

要点2：当可以用属性表达清楚时，就不需要用实体描述，这样利于简化E-R图，否则需要用实体。

要点3:到底采用实体,还是属性。

要点4:同名实体只能出现一次,还需去掉不必要的联系,以消除冗余。

5.7 自我检测

5.7.1 选择题

1.数据模型是______。

A.文件的集合　　B.记录的集合

C.数据的集合　　D.记录及其联系的集合

2.数据模型的三要素是______。

A.外模式、模式和内模式　　B.关系模型、层次模型、网状模型

C.实体、属性和联系　　D.数据结构、数据操作和完整性约束

3.数据库的概念模型独立于______。

A.具体的机器和DBMS　　B.E-R图

C.信息世界　　D.现实世界

4.______属于信息世界的模型,实际上是现实世界到机器世界的一个中间层次。

A.数据模型　　B.概念模型　　C.E-R图　　D.联系模型

5.概念模型是现实世界的第一层抽象,这一类模型中最著名的模型是______。

A.层次模型　　B.关系模型　　C.网状模型　　D.实体-联系模型

6.已知在某公司有多个部门,每个部门又有多位职工,而每位职工只能属于一个部门,则职工与部门两个记录型之间是______。

A.一对一　　B.一对多　　C.多对多　　D.多对一

7.区分不同实体的依据是______。

A.名称　　B.属性　　C.对象　　D.概念

8.下述关于数据库的正确叙述是______。

A.数据库中只存在数据项之间的联系

B.数据库的数据项之间和记录之间都存在联系

C.数据库的数据项之间无联系,记录之间存在联系

D.数据库的数据项之间和记录之间都不存在联系

9.E-R图是数据库设计的工具之一,它适用于建立数据库的______。

A.概念模型　　B.逻辑模型　　C.结构模型　　D.物理模型

10.下列不属于概念结构设计时常用的数据抽象方法的是______。

A.合并　　B.聚集　　C.概括　　D.分类

5.7.2 填空题

1.E-R数据模型一般在数据库设计的__________阶段使用。

2.数据模型是用来描述数据库的结构和语义的,数据模型有概念数据模型和结构数据模型两类,E-R模型是__________模型。

3.实体之间的联系可抽象为三类,它们是__________、__________和__________。

4.数据库概念设计的E-R方法中,用属性描述实体的特征,属性在E-R图中用__________表示。

5.在数据库设计中,在概念设计阶段可用E-R方法,其设计出的图称为________。

5.7.3 判断题

1.在数据库技术中,独立于计算机系统的模型是关系模型。 ( )

2.设计数据库时应该首先设计数据库应用系统结构。 ( )

3.E-R图是数据库设计的工具之一,它适用于建立数据库的结构模型。 ( )

4.在数据库的概念设计中,最常用的数据模型是逻辑模型。 ( )

5.记录可以减少相同数据重复存储。 ( )

5.7.4 简答题与综合题

1.指出下列缩写的含义。

(1)DML (2)DBMS (3)DDL (4)DBS (5)SQL

(6)DB (7)DD (8)DBA (9)SDDL (10)PDDL

2.简述E-R及EER模型的设计步骤。

3.简述采用E-R模型进行数据库概念设计的过程。

4.什么是数据库的概念结构?简述其特点和设计策略。

5.假设教学管理规定:

一个学生可选修多门课,一门课有若干学生选修。

一个教师可讲授多门课,一门课只有一个教师讲授。

一个学生选修一门课,仅有一个成绩。

学生的属性有学号、学生姓名;教师的属性有教师编号、教师姓名;课程的属性有课程编号、课程名称。根据上述语义画出教学管理E-R图,要求在图中画出实体的属性,并注明联系类型。

6.某系有若干个课程组,每个课程组有若干位教师,每个教师可参加若干个课程组,每个课程组管理若干门课程,每门课程只属于一个课程组。教师有工号、姓名、职称的属性,课程组有名称、专业方向的属性,课程有名称、学时、考核方式的属性。请根据给定语义画出E-R图,并注明联系类型。

7.某大学实行学分制，学生可根据自己的情况选修课程。每名学生可同时选修多门课程，每门课程可由多位教师讲授，每位教师可讲授多门课程。其不完整的E-R图如图5.7所示。

(1)指出学生与课程的联系类型。

(2)指出课程与教师的联系类型。

(3)若每名学生有一位教师指导，每个教师指导多名学生，则学生与教师是何联系？

(4)在原E-R图上补画教师与学生的联系，并完善E-R图。

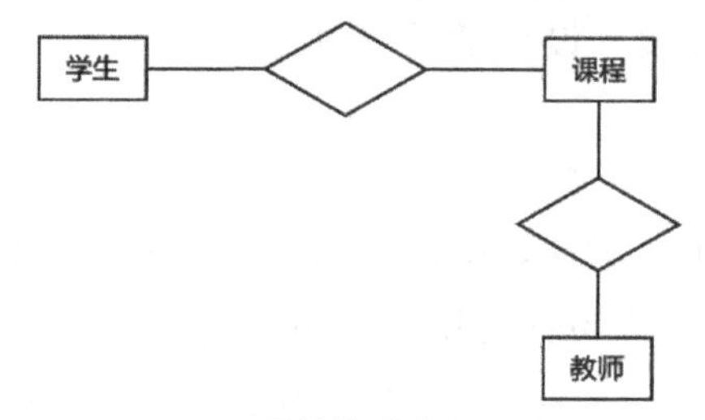

图5.7　不完整的选修课程E-R图

8.假定一个部门的数据库包括以下的信息：

职工的信息：职工号、姓名、住址和所在部门。

部门的信息：部门所有职工、部门名、经理和销售的产品。

产品的信息：产品名、制造商、价格、型号及产品内部编号。

制造商的信息：制造商名称、地址、生产的产品名和价格。

试画出该数据库的E-R图。

9.设有某商业销售记账数据库。一位顾客(顾客姓名，性别，电话号码)可以买多种商品，一种商品(商品名称，型号，单价)供应多个顾客。试画出对应的E-R图。

10.工厂(包括厂名和厂长名)需建立一个管理数据库存储以下信息：

一个厂内有多个车间，每个车间有车间号、车间主任姓名、地址和电话。

一个车间有多个工人，每个工人有职工号、姓名、年龄、性别和工种。

一个车间生产多种产品，产品有产品号和价格。

一个车间生产多种零件，一个零件也可能为多个车间制造。零件有零件号、重量和价格。

一个产品由多种零件组成，一种零件也可装配出多种产品。

产品与零件均存入仓库中。

厂内有多个仓库，仓库有仓库号、仓库主任姓名和电话。

试完成以下问题：

(1)给出相应的关系数据模型。

(2)画出该系统的层次模型图。

第6章　关系数据理论

6.1　问题的提出

设计不严谨的关系模式带来的问题：

(1)数据冗余，浪费存储空间；(2)更新异常；(3)插入异常；(4)删除异常。

6.2　规　范　化

6.2.1　规范化的目的

规范化：生成一组既具有所期望的特性又能满足企业数据需求的关系的技术。

规范化的目的：确定一组合适的关系以支持企业的数据需求。

所谓合适的关系，应具有如下性质：

(1)属性的个数最少，且这些属性是支持企业的数据需求所必需的。

(2)具有紧密逻辑联系(描述为函数依赖)的诸属性均在同一个关系中。

(3)最少的冗余，即每个属性仅出现一次，作为外部关键字的属性除外。连接相关关系必须用到外部关键字。

6.2.2　规范化对数据库设计的支持

规范化是一种能够应用于数据库设计任何阶段的形式化技术。本节着重强调规范化的两种使用方法。方法1：将规范化视为一种自下而上的独立的数据库设计技术。方法2：将规范化作为一种确认技术使用，以检查关系的结构。

6.2.3　函数依赖

1.函数依赖

定义6.1　设$R(U)$是一个属性集U上的关系模式，X、Y是U的子集。若对于$R(U)$的任意一个可能的关系r，r中不可能存在两个元组在X上的属性值相等，而在Y上的属性值不等，则称“X函数确定Y”或“Y函数依赖于X”，记作$X \to Y$。

函数依赖是属性在关系中的一种语义特性。该语义特性表明了属性和属性是如何关联起来的，确定了属性之间的函数依赖。当存在某一函数依赖时，这个依赖就被视为属性之间的一种约束。

2. 平凡函数依赖与非平凡函数依赖

定义 6.2 关系模式 $R(U)$ 中，U 是 R 的属性集合，X、Y 是 U 的子集，如果 $X \rightarrow Y$，但 Y 不包含于 $X(X \not\subset Y)$，则称 $X \rightarrow Y$ 是非平凡函数依赖；若 Y 包含于 $X(X \subseteq Y)$，则称 $X \rightarrow Y$ 是平凡函数依赖。

3. 完全函数依赖和部分函数依赖

定义 6.3 在 $R(U)$ 中，如果 $X \rightarrow Y$，并且对于 X 的任何一个真子集 X'，都有 $X' \nrightarrow Y$，则称 Y 对 X 完全函数依赖，记作 $X \xrightarrow{F} Y$。

若 $X \rightarrow Y$，但 Y 不完全函数依赖于 X，则称 Y 对 X 部分函数依赖，记作 $X \xrightarrow{P} Y$。

4. 传递函数依赖

定义 6.4 在 $R(U)$ 中，如果 $X \rightarrow Y(Y \not\subseteq X)$，$Y \nrightarrow X$，$Y \rightarrow Z(Z \not\subseteq Y)$，则称 Z 对 X 传递函数依赖，记作 $X \xrightarrow{传递} Z$。

6.2.4 码

定义 6.5 设 K 为 $R<U,F>$ 中的属性或属性组合。若 $K \xrightarrow{F} U$，则 K 称为 R 的候选码。若 K 部分函数决定 U，则称 K 为超码；若关系模式 R 有多个候选码，则须选定其中一个为主码。

1. 主属性与非主属性

包含在任何一个候选码中的属性，称为主属性。

不包含在任何码中的属性称为非主属性或非码属性。

2. 全码

整个属性组是码，称为全码。

定义 6.6 关系模式 R 中属性或属性组 X 并非 R 的码，但 X 是另一个关系模式的码，则称 X 是 R 的外部码，也称外码。

6.3 范　　式

范式：指符合某一规范化级别的关系模式的集合。

对于各种范式之间的关系有 5NF⊂4NF⊂BCNF⊂3NF⊂2NF⊂1NF 成立。六种范式的规范化程度依次增强，满足后一种范式的关系模式必然满足前一种范式。

6.3.1　第一范式（1NF）

定义 6.7　如果一个关系模式 R 的所有属性是不可再分的基本数据项，则 $R \in$ 1NF。

第一范式是对关系模式的最起码的要求，即不满足第一范式的数据库模式不能称为关系数据库，满足 1NF 的关系模式并不一定是一个好的关系模式。

6.3.2　第二范式（2NF）

定义 6.8　若关系模式 $R \in$ 1NF，并且每个非主属性都完全函数依赖于 R 的码，则称 $R \in$ 2NF，即不存在非主属性对码的部分函数依赖。

说明：设关系模式 $R(U)$，主码是 K，R 上还存在函数依赖 $X \rightarrow Y$，其中 Y 是非主属性，并且 $X \in K$，那么就说明存在 Y 部分依赖于主码 K。可以把 R 分解为两个模式：

$R_1(X, Y)$，关系模式 R_1 的主键为 X；

$R_2(Z)$，其中 $Z=U-Y$（即 U 中除去 Y 后剩下的属性），主键仍然是 K。外键是 X，它在 R 中是主码。

利用主码和外码可以使 R_1 和 R_2 连接得到 R。

因此，通过将依赖于主属性的部分函数依赖单独构成新的关系，可将 1NF 分解为 2NF。

推论：如果关系 R 所有的码中只包含一个属性且属于 1NF，则 R 必属于 2NF。

6.3.3　第三范式（3NF）

定义 6.9　关系模式 $R<U, F>$ 中若不存在这样的码 X、属性组 Y 及非主属性 Z（$Y \not\subseteq Z$），使得 $X \rightarrow Y$，$Y \rightarrow Z$ 成立，$Y \nrightarrow X$，则称 $R<U, F> \in$ 3NF。

若 $R \in$ 3NF，则每一个非主属性既不部分依赖于码也不传递依赖于码。即如果 R 属于 3NF，则有 R 属于 2NF。

采用投影分解法将一个 2NF 的关系分解为多个 3NF 的关系，可以在一定程度上解决原 2NF 关系中存在的插入异常、删除异常、数据冗余度大、修改复杂等问题。

将一个 2NF 关系分解为多个 3NF 的关系后，仍然不能完全消除关系模式中的各种异常情况和数据冗余。

说明：从以上分析过程可以得出 2NF 分解为 3NF 的非形式化的方法。

设关系模式 $R(U)$，主键 K，R 上还存在着函数依赖 $X \rightarrow Y$，Y 是非主属性，Y 不是 X 的子集（即 $Y \not\subseteq X$），X 不是候选码，因此 Y 传递依赖于主键 K。把关系 R 分解为两个模式：

$R_1(X, Y)$，主键是 X；$R_2(Z)$，其中 $Z=U-Y$，主键仍然是 K，外键是 X，而 X 在 R 中是主键，利用主键和外键可以使得 R_1 和 R_2 连接得到 R。

推论：不存在非主属性的关系模式一定属于 3NF。

6.3.4 BC范式(BCNF)

定义6.10 关系模式$R<U,F>\in 1NF$,若$X\rightarrow Y$且$Y\not\subseteq X$时X必含有码,则$R<U,F>\in BCNF$。

等价于:每一个决定属性因素都包含码。

即在关系模式$R<U,F>$中,如果每个决定属性都包含候选码,则$R\in BCNF$。

即在3NF的基础上,消除了主属性对码的部分依赖和传递依赖,所有属性都不部分依赖或传递依赖于码。

BCNF具有以下三个性质:

(1)所有非主属性都完全函数依赖于每个候选码。

(2)所有主属性都完全函数依赖于每个不包含它的候选码。

(3)没有任何属性完全函数依赖于非码的任何一组属性。

推论:如果R中只有一个候选码,且$R\in 3NF$,则必有$R\in BCNF$。

6.3.5 多值依赖和第四范式

1.多值依赖

定义6.11 设$R(U)$是一个属性集U上的一个关系模式,X、Y和Z是U的子集,并且$Z=U-X-Y$。关系模式$R(U)$中多值依赖$X\rightarrow\rightarrow Y$成立,当且仅当对$R(U)$的任一关系$r$,给定的一对$(x,z)$值,有一组$Y$的值,这组值仅仅决定于$x$值而与$z$值无关。

多值依赖具有以下性质:

(1)多值依赖具有对称性,即若$X\rightarrow\rightarrow Y$,则$X\rightarrow\rightarrow Z$,其中$Z=U-X-Y$。

(2)多值依赖具有传递性,即若$X\rightarrow\rightarrow Y$,$Y\rightarrow\rightarrow Z$,则$X\rightarrow\rightarrow Z-Y$。

(3)函数依赖是多值依赖的特殊情况,即若$X\rightarrow Y$,则$X\rightarrow\rightarrow Y$。

(4)若$X\rightarrow\rightarrow Y$,$X\rightarrow\rightarrow Z$,则$X\rightarrow\rightarrow YZ$。

(5)若$X\rightarrow\rightarrow Y$,$X\rightarrow\rightarrow Z$,则$X\rightarrow\rightarrow Y\cap Z$。

(6)若$X\rightarrow\rightarrow Y$,$X\rightarrow\rightarrow Z$,则$X\rightarrow\rightarrow Y-Z$,$X\rightarrow\rightarrow Z-Y$。

(7)多值依赖的有效性与属性集的范围有关。

(8)若函数依赖$X\rightarrow Y$在$R(U)$上成立,则对于任何$Y'\subset Y$均有$X\rightarrow Y'$成立多值依赖$X\rightarrow\rightarrow Y$若在$R(U)$上成立,不能断言对于任何$Y'\subset Y$有$X\rightarrow\rightarrow Y'$成立。

2.第四范式(4NF)

定义6.12 关系模式$R<U,F>\in 1NF$,如果对于R的每个非平凡多值依赖$X\rightarrow\rightarrow Y$($Y\not\subseteq X$),$X$都含有码,则$R\in 4NF$。

4NF就是限制关系模式的属性之间不允许有非平凡且非函数依赖的多值依赖。因为根据定义,对于每一个非平凡的多值依赖$X\rightarrow\rightarrow Y$,$X$都含有候选码,于是就有$X\rightarrow Y$,所以4NF所允许的非平凡的多值依赖实际上是函数依赖。

显然,如果一个关系模式是4NF,则必为BCNF。

6.3.6　第五范式(5NF)

连接依赖是有关分解和自然连接的理论，5NF是有关如何消除子关系的插入异常和删除异常的理论。

1.连接依赖

定义6.13　设$R(U)$是属性集U上的关系模式，$X_1,X_2,\cdots,X_n$是U的子集，且$U=X_1\cup X_2\cup\cdots\cup X_n$，如$R$等于$R(X_1),R(X_2),\cdots,R(X_n)$的自然连接，则称$R$在$X_1,X_2,\cdots,X_n$上具有$n$目连接依赖，记作$\bowtie(R(X_1),R(X_2),\cdots,R(X_n))$，其中，$R(X_1)=\Pi x_1(R)$，$R(X_2)=\Pi x_2(R)$，$\cdots$，$R(X_n)=\Pi x_n(R)$。

2.第五范式(5NF)

定义6.14　如果关系模式R中的每个连接依赖均由R的候选码所隐含，则称$R\in$5NF。

说明：(1)连接时所连接的属性均为候选码。(2)多表间的连接应满足5NF。

6.3.7　规范化小结

规范化的目的：在关系数据库中，对关系模式的基本要求是满足第一范式，这样的关系模式就是合法的、允许的。人们要寻求解决有些关系模式存在插入、删除异常，以及修改复杂、数据冗余等问题。

规范化的基本思想是逐步消除数据依赖中不合适的部分，使模式中的各关系模式达到某种程度的“分离”，即“一事一地”的模式设计原则。让一个关系描述一个概念、一个实体或者实体间的一种联系，若多于一个概念就把它“分离”出去，因此所谓规范化实质上是概念的单一化。分解关系模式的目的是使模式更加规范化，从而减少数据冗余及尽可能地消除异常。规范化的结果实际上就是使得每个关系里的数据单一概念化，也就是说，一个关系里要么保存一个实体的相关数据，要么保存一个联系的相关数据，而不是把实体和联系的数据混合在一起，造成数据冗余。

从1NF到5NF是一个从低一级关系模式到规范化程度更高一级关系模式的过程，也是减少数据冗余和消除异常的过程。

6.4　数据依赖的公理系统

6.4.1　函数依赖集的逻辑蕴涵

定义6.15　对于满足一组函数依赖F的关系模式$R<U,F>$，其任何一个关系r，若函数依赖$X\rightarrow Y$都成立(即r中任意两元组t,s，若$t[X]=s[X]$，则$t[Y]=s[Y]$)，则称F逻辑蕴涵$X\rightarrow Y$。

6.4.2 Armstrong公理系统

对关系模式$R<U,F>$来说有以下的推理规则：

A_1.自反律：若$Y\subseteq X\subseteq U$，则$X\rightarrow Y$为F所蕴涵。

A_2.增广律：若$X\rightarrow Y$为F所蕴涵，且$Z\subseteq U$，则$XZ\rightarrow YZ$为F所蕴涵。

A_3.传递律：若$X\rightarrow Y$及$Y\rightarrow Z$为F所蕴涵，则$X\rightarrow Z$为F所蕴涵。

6.4.3 Armstrong公理的推论

(1)根据A_1，A_2，A_3这三条推理规则可以得到下面三条推理规则。

合并规则：由$X\rightarrow Y$，$X\rightarrow Z$，有$X\rightarrow YZ$。

伪传递规则：由$X\rightarrow Y$，$WY\rightarrow Z$，有$XW\rightarrow Z$。

分解规则：由$X\rightarrow Y$及$Z\subseteq Y$，有$X\rightarrow Z$。

(2)根据合并规则和分解规则，可得引理6.1。

引理6.1　$X\rightarrow A_1A_2\cdots A_k$成立的充分必要条件是$X\rightarrow A_i$成立($i=1,2,\cdots,k$)。

Armstrong公理系统是有效的、完备的。

有效性：由F出发根据Armstrong公理推导出来的每一个函数依赖一定在F^+中；

完备性：F^+中的每一个函数依赖，必定可以由F出发根据Armstrong公理推导出来。

6.4.4 函数依赖集的闭包

定义6.16　在关系模式$R<U,F>$中为F所逻辑蕴涵的函数依赖的全体叫作F的闭包，记为F^+。

6.4.5 属性集的闭包

定义6.17　设F为属性集U上的一组函数依赖，$X\subseteq U$，$X_F^+=\{A|X\rightarrow A$能由F根据Armstrong公理导出$\}$，X_F^+称为属性集X关于函数依赖集F的闭包。

算法6.1　求属性集$X(X\subseteq U)$关于U上的函数依赖集F的闭包X_F^+。

对于关系模式$R<U,F>$，$X\subseteq U$，X_F^+的算法如下。

(1)初始值为X。

(2)对于F中的每个函数依赖$A\rightarrow Z$，如果$A\subseteq X_F^+$，则把Z加入到X_F^+中。

(3)重复步骤(2)，直到没有其他属性可以再添加进来。(一般来说，直到X的值不再改变时或者X已经包含全部属性)

定理6.1　Armstrong公理系统是有效的、完备的。

6.4.6 最小覆盖

定义6.18 如果函数依赖集F满足下列条件，则称F为一个极小函数依赖集，亦称为最小依赖集或最小覆盖。

（1）F中任一函数依赖的右部仅含有一个属性。

（2）F中不存在这样的函数依赖$X \to A$，使得F与$F-\{X \to A\}$等价。

（3）F中不存在这样的函数依赖$X \to A$，X有真子集Z使得$F-\{X \to A\} \cup \{Z \to A\}$与$F$等价。

6.4.7 函数依赖集的等价与覆盖

定义6.19 如果$G^+=F^+$，就说函数依赖集F覆盖G（F是G的覆盖，或G是F的覆盖），或F与G等价。

引理6.2 $F^+=G^+$的充分必要条件是$F \subseteq G^+$，和$G \subseteq F^+$。

定理6.2 每一个函数依赖集F均等价于一个极小函数依赖集F_m。此F_m称为F的最小依赖集。

*6.5 关系模式分解

把一个低一级的关系模式分解为若干个高一级的关系模式的方法不唯一。

定义6.20 关系模式分解的定义，设有关系模式$R<U,F>$的一个分解是指

$$p=\{R_1<U_1,F_1>\ ,R_2<U_2,F_2>,\cdots,R_n<U_n,F_n>\}$$

其中$U=\bigcup_{i=1}^{n} U_i$，并且没有$U_i \subseteq U_j$，$1 \leqslant i,j \geqslant n$，$F_i$是$F$在$U_i$上的投影。函数依赖集合$\{X \to Y | X \to Y \in F^+ \wedge XY \subseteq U_i\}$的一个覆盖$F_i$叫作$F$在属性$U_i$上的投影。

1.模式分解的等价性

模式分解是将模式分解为一组等价的子模式的过程。等价是指不破坏原有关系模式的数据信息，既可以通过自然连接恢复为原有关系模式，又可以保持原有函数依赖集。

要保证分解后的关系模式与原关系模式等价，有以下三种标准。

（1）分解具有无损连接性。

（2）分解要保持函数依赖。

（3）分解既要保持函数依赖，又要保持无损连接性。

定义6.21 分解具有无损连接性的定义，设关系模式$R(U,F)$被分解为若干个关系模式$R_1(U_1,F_1)$，$R_2(U_2,F_2)$，$\cdots$，$R_n(U_n,F_n)$，其中$U=U_1 \vee U_2 \vee \cdots \vee U_n$，且不存在$U_i$包含于$U_j$中，$R_i$为$F$在$U_i$上的投影），若$R$与$R_1,R_2,\cdots,R_n$自然连接的结果相等，则称关系模式$R$

的分解具有无损连接性。只有具有无损连接性的分解，才能保证不丢失信息。

定义 6.22 保持函数依赖的定义，设关系模式 $R(U,F)$ 被分解为若干个关系模式 $R_1(U_1,F_1),R_2(U_2,F_2),\cdots,R_n(U_n,F_n)$，其中 $U=U_1 \vee U_2 \vee \cdots \vee U_n$，且不存在 U_i 包含于 U_j 中，R_i 为 F 在 U_j 上的投影，若 F 逻辑蕴涵的函数依赖一定由分解的某个关系模式的函数依赖 F_i 所逻辑蕴涵，则称关系模式 R 的分解保持函数依赖。

2. 无损分解的测试算法

算法 6.2 无损连接性判定算法。

输入：$R<U, F>$ 的一个分解 $r=\{ R_1(U_1,F_1), R_2(U_2,F_2),\cdots,R_k(U_k,F_k)$

$U=\{A_1,\cdots,A_n\}$，

$F=\{FD_1, FD_2, \cdots FD_n\}$，可设 F 为最小覆盖，$FD_i: X \to A_j$。

输出：r 是否为无损连接的判定结果。

第一步：构造一个 k 行 n 列的表，第 i 行对应关系模式 R_i，第 j 列对应属性 A_j 若 $A \in U_i$，则在第 i 行第 j 列处写入 a_j；否则写入 a_{ij}。

第二步：逐个检查 F 中的每个函数依赖，并修改表中的元素。

对每个 $FD_i: X_i \to A_i$，在 X_i 对应的列中寻找值相同的行，并将这些行中 A_j(j 为列号)对应的列值全改为相同的值。修改规则为：若其中有 a_j，则全改为 a_j；否则不改。

第三步：判别。若某一行变成 $a_1, a_2, \cdots a_n$，则算法终止(此时 r 为无损分解)；否则，比较本次扫描前后的表有无变化，若有，则重复第二步；若无，则算法终止(此时 r 不是无损分解)。

3. 函数依赖分解的算法

定义 6.23 若 $F^+=(\bigcup_{i=1}^{k} F_i)^+$，则 $R<U,F>$ 的一个分解 $r=\{ R_1<U_1,F_1>,\cdots,R_k<U_k,F_k>\}$ 保持函数依赖。

算法 6.3 函数依赖的分解算法。

输入：关系 R 和关系 $R_1=P_L(R)$，L 是关系 R 的属性组。

输出：关系 R_1 上最小的函数依赖集。

算法如下：

第一步：设 T 是关系 R_1 上的函数依赖集，T 的初始值为空。

第二步：计算 X^+，其中 X 是 R_1 的子集。

第三步：建立 $X \to A$ 加入到函数依赖集 T 中，其中 A 既是在 X^+ 中的属性，且又是关系 R_1 中的属性。

第四步：计算函数依赖集 T 的最小函数依赖集。

6.6 自我检测

6.6.1 选择题

1. 在关系模式 $R(A,B,C,D)$ 中，有函数依赖集 $F=\{B\rightarrow C, C\rightarrow D, D\rightarrow A\}$，则 R 能达到______。

A.1NF　　B.2NF　　C.3NF　　D. 无法确定

2. 能够消除多值依赖引起的冗余的是______。

A.2NF　　B.3NF　　C.4NF　　D.BCNF

3. 若关系 R 的候选码都是由单属性构成的，则 R 的最高范式必定是______。

A.INF　　B.2NF　　C.3NF　　D. 无法确定

4. 在关系模式 R 中，若其函数依赖集中所有候选关键字都是决定因素，则 R 最高范式是______。

A.2NF　　B.3NF　　C.4NF　　D.BCNF

5. 在数据库中，产生数据不一致的根本原因是______。

A. 数据存储量太大　　B. 没有严格保护数据

C. 未对数据进行完整性控制　　D. 数据冗余

6. 关系规范化中的插入操作异常是指______。

A. 不该删除的数据被删除　　B. 不该插入的数据被插入

C. 应该删除的数据未被删除　　D. 应该插入的数据未被插入

7. 设计性能较优的关系模式称为规范化，规范化主要的理论依据是______。

A. 关系规范化理论　　B. 关系运算理论

C. 关系代数理论　　D. 数理逻辑

8. 规范化理论是关系数据库进行逻辑设计的理论依据。根据这个理论，关系数据库中的关系必须满足：其每一属性都是______。

A. 互不相关的　　B. 不可分解的

C. 长度可变的　　D. 互相关联的

9. 关系数据库规范化是为解决关系数据库中______问题而引入的。

A. 插入异常、删除异常和数据冗余　　B. 提高查询速度

C. 减少数据操作的复杂性　　D. 保证数据的安全性和完整性

10. 下述说法正确的是______。

A. 属于 BCNF 的关系模式不存在存储异常

B. 函数依赖可由属性值决定，不由语义决定

C. 超码就是候选码

D.码是唯一能决定一个元组的属性或属性组

11.当B属性函数依赖于A属性时,属性A与B的联系是______。

A.1对多　　B.多对1　　C.多对多　　D.以上都不对

12.在关系模式中,如果属性A和B存在1对1的联系,则______。

A.$A \rightarrow B$　　B.$B \rightarrow A$　　C.$A \longleftrightarrow B$　　D.以上都不对

13.候选码中的属性称为______。

A.非主属性　　B.主属性　　C.复合属性　　D.关键属性

14.候选码中的属性可以有______。

A.0个　　B.1个　　C.1个或多个　　D.多个

15.设关系模式$R<U,F>$,U为R的属性集合,F为U上的函数依赖集,如果$X \rightarrow Y$为F所蕴涵,且$Z \subseteq U$,则$XZ \rightarrow YZ$为F所蕴涵。这是函数依赖的______。

A.传递律　　B.合并律　　C.自反律　　D.增广律

16.$X \rightarrow A_i(i=1,2,\cdots,k)$成立是$X \rightarrow A_1A_2 \cdots A_k$成立的______。

A.充分条件　　B.必要条件

C.充要条件　　D.既不充分也不必要

17.在$R(U)$中,如果$X \rightarrow Y$,并且对于X的任何一个真子集X',都有$X' \rightarrow Y$不成立,则______。

A.Y函数依赖于X　　B.Y对X完全函数依赖

C.X为U的候选码　　D.R属于2NF

18.下列叙述中正确的是______。

A.若$X \rightarrow \rightarrow Y$,其中$Z=U-X-Y=\varnothing$,则称$X \rightarrow \rightarrow Y$为非平凡的多值依赖

B.若$X \rightarrow Y$,其中$Z=U-X-Y=\varnothing$,则称$X \rightarrow Y$为平凡的函数依赖

C.对于函数依赖$(A_1,A_2,\cdots,A_n) \rightarrow B$来说,如果$B$是$A$中的某一个,则称为非平凡函数依赖

D.对于函数依赖$(A_1,A_2,\cdots,A_n) \rightarrow B$来说,如果$B$是$A$中的某一个,则称为平凡函数依赖

19.教师关系:课程任务(编号,教师姓名,职称,课程名,班号,学时),设一位老师可教多门课,一门课也可由多位老师教,那么该关系属于______。

A.非规范关系　　B.2NF　　C.3NF　　D.BCNF

20.如果一个关系R中的所有非主属性都完全函数依赖于候选码,则关系R属于______。

A.1NF　　B.2NF　　C.3NF　　D.4NF

21.消除了部分函数依赖的1NF的关系模式必定是______。

A.INF　　B.2NF　　C.3NF　　D.4NF

22.如果要将一个关系模式规范化为2NF,必须______。

A. 消除非主属性对码的部分函数依赖
B. 消除主属性对码的部分函数依赖
C. 消除非主属性对码的传递函数依赖
D. 消除主属性对码的传递函数依赖
23. 任何一个满足2NF，但不满足3NF的关系模式都存在______。
A. 主属性对码的部分依赖　　B. 非主属性对码的部分依赖
C. 主属性对码的传递依赖　　D. 非主属性对码的传递依赖
24. 假设关系模式$R(A,B)$属于3NF，下列说法正确的是______。
A. 它一定消除了插入和删除异常　　B. 仍存在一定的插入和删除异常
C. 一定属于BCNF　　D. 选项A和C都正确
25. 在关系数据库中，任何二元关系模式的最高范式必定是______。
A.1NF　B.2NF　C.3NF　D.BCNF
26. 属于BCNF的关系模式______。
A. 已消除了插入、删除异常
B. 已消除了插入、删除异常、数据冗余
C. 仍然存在插入、删除异常
D. 在函数依赖范畴内，已消除了插入和删除的异常
27. 关系模式中各级范式之间的关系为______。
A.3NF⊂2NF⊂1NF　　B.3NF⊂1NF⊂2NF
C.1NF⊂2NF⊂3NF　　D.2NF⊂1NF⊂3NF
28. 关系模式R中的属性全部都是主属性，则R的最高范式必定是______。
A.2NF　B.3NF　C.BCNF　D.4NF
29. 关系模式分解的结果______。
A. 唯一
B. 不唯一，效果相同
C. 不唯一，效果不同，有正确与否之分
D. 不唯一，效果不同，有应用的不同
30. 在关系范式中，分解关系的基本原则是______。
I. 实现无损连接　　Ⅱ. 分解后的关系相互独立并保持原有的依赖关系
A.I和Ⅱ　B.I和Ⅲ　C. 只有I　D. 只有Ⅱ

6.6.2　填空题

1. 关系规范化的目的是__________。
2. 在关系A(<u>S</u>,SN,D)和B(<u>D</u>,CN,NM)中，A的主码是S，B的主码是D，则D在A中称为__________。

3. 对于非规范化的模式，经过__________转变为1NF，将1NF经过__________转变为2NF，将2NF经过__________的方法转变为3NF。

4. 在一个关系R中，若每个数据项都是不可再分割的，则R一定属于__________。

5.1NF、2NF和3NF之间，相互是一种__________关系。

6. 若关系为1NF，且它的每一非主属性都__________候选码，则该关系为2NF。

7. 在关系数据库的规范化理论中，在执行“分解”时，必须遵守规范化原则：保持原有的依赖关系和__________。

8. 规范化主要为克服数据库逻辑结构中的插入异常、删除异常和__________的缺陷。

9. 在关系数据库的规范化理论中，在执行“分解”时，必须遵守规范化原则，保持原有的函数依赖性和__________。

6.6.3 判断题

1. 函数依赖具有传递性。 (　　)

2. 在一个关系R中，若存在：学号-系号，系号-系主任，则学号不能函数决定系主任。 (　　)

3. 一个关系若存在部分函数依赖和传递函数依赖，则必然会造成数据冗余，但插入、删除和修改操作能够正常进行。 (　　)

4. 在一个关系R中，若X-Y，并且X的任何真子集都不能函数决定Y，则称为部分函数依赖。 (　　)

5. 对于函数依赖$A_1A_2...A_n$-$B_1B_2...B_m$，如果B中至少有一个属性不在A中，则称该依赖为完全非平凡的。 (　　)

6. 如果一个关系模式R的所有属性都是不可分的基本数据项，则这个关系属于第一范式。 (　　)

7. 若一个关系的一些非主属性可能部分依赖于候选码，则称该关系达到了第二范式。 (　　)

8. 若一个关系的任何非主属性都不部分依赖和传递依赖于任何候选码，则该关系还没有达到第三范式。 (　　)

9. 属于第一范式的关系模式必然属于第二范式，属于第三范式的关系模式必然属于第二范式。 (　　)

10.3NF比BCNF的限制更多。 (　　)

6.6.4 简答题和综合题

1.关系模式存在什么问题?

2.什么是数据依赖?

3.简述下列名字的定义:

(1)部分函数依赖、完全函数依赖;

(2)候选码、主码、外码、全码;

(3)1NF、2NF、3NF、BCNF。

4.已知学生关系模式

S(Sno,Sname,SD,Sdname,Course,Grade)

其中,Sno为学号、Sname为姓名、SD为系名、SDname为系主任名、Course为课程、Grade为成绩。

(1)写出学生关系模式的基本函数依赖和码。

(2)上述学生关系模式为几范式?为什么?简述将其如何分解成高一级范式。

(3)简述如何将学生关系模式分解成3NF?

5.设某商业集团数据库中有一关系模式*R*如下:

R(商店编号,商品编号,数量,部门编号,负责人)

如果规定:每个商店的每种商品只在一个部门销售;每个商店的每个部门只有一个负责人;每个商店的每种商品只有一个库存数量。

试回答下列问题:

(1)根据上述规定,写出关系模式*R*的基本函数依赖;

(2)找出关系模式*R*的候选码;

(3)试问关系模式*R*最高已经达到第几范式?为什么?

(4)如果*R*不属于3NF,请将*R*分解成3NF模式集。

6.现有一个关于系、学生、班级、学会等信息的关系数据库,关系模式如下:

学生Student:学号Sno、姓名Sname、出生年月Sbirth、系名Dname、班号class_no、宿舍区Living

班级Class:Class_no班号、专业名Special_name、系名Dname、人数Cnum、入校年份Cyear;

系Dept:系名Dname、系号Dno、Office系办公室地点、人数Dnum

协会Institute:协会名Institute_name、成立年份Institue_year、地点Institute_addr、人数Institue_num

有关语义如下:一个系有若干专业,每个专业每年只招一个班,每班有若干个学生。一个系的学生住在同一宿舍区。每个学生可参加若干学会,每个学会有若干学生。学生参加某个学会有一个入会年份。

试写出各关系模式的最小函数依赖集，指出是否存在传递函数依赖，指出各关系模式的候选码、外码。

7. 考虑关系模式 $R(A,B,C,D)$，分别写出满足下列函数依赖时 R 的码，并给出此时 R 属于哪种范式（1NF、2NF、3NF 或 BCNF）。

（1）$B \to D$，$AB \to C$；

（2）$A \to B$，$A \to C$，$D \to A$；

（3）$BCD \to A$，$A \to C$；

（4）$B \to C$，$B \to D$，$CD \to A$；

（5）$ABD \to C$。

8. 若 A 是关系 R 的候选码，具有函数依赖 $BC \to DE$，那么在何条件下关系 R 是 BCNF?

9. 如果存在函数依赖 $A \to B$，$BC \to D$，$DE \to A$，列出关系 R 所有码。

10. 如果存在函数依赖 $A \to B$，$BC \to D$，$DE \to A$，关系 R 属于 3NF 还是 BCNF?

第7章　数据库设计

7.1　数据库设计概述

数据库设计的目标是设计一个完整的、规范的数据库模型，使它能够有效地存储和管理数据，满足各种用户的应用需求，包括信息管理要求和数据操作要求。具体要达到以下要求。

(1)减少有害的数据冗余，提高程序共享。

(2)消除异常插入、更新、删除。

(3)保证数据的独立性、可修改、可扩充。

(4)访问数据库的时间要尽可能短。

(5)数据库的存储空间要小。

(6)保证数据的完整性、安全性。

(7)易于维护。

7.1.1　数据库设计方法

(1)新奥尔良法：运用软件工程的思想和方法把数据库设计分为需求分析、概念结构设计、逻辑结构设计、物理结构设计四个阶段。它是目前公认的比较完整的数据库设计方法。

(2)E-R模型法：它根据数据库应用环境的需求分析建立E-R模型，反映现实世界实体及实体间的联系，然后转化为相应的某种具体的DBMS所支持的逻辑模型。

(3)3NF法：先对数据库应用环境进行需求分析，确定数据库结构中全部的属性并把它们放在一个关系中，根据需求分析描述的属性之间的依赖关系规范化到3NF。

7.1.2　数据库设计步骤

完整的数据库设计分为需求分析、概念结构设计、逻辑结构设计、物理结构设计、数据库实施、数据库运行和维护六个阶段。

1.需求分析阶段

需求分析阶段是整个数据库设计的基石。因此，在这个阶段要充分了解组织机构的运行情况，掌握好用户的需求，才能构建良好的数据库。它决定了数据库的质量。

2.概念结构设计阶段

概念结构设计阶段是独立于具体数据库管理系统的，是数据库设计的关键，设计出的概念数据模型能完整而且合理地表达出用户的需求。

3.逻辑结构设计阶段

此阶段将概念数据模型转化为数据库管理系统所支持的某种逻辑数据模型，可以转化为关系数据模型，也可以转化为面向对象的数据模型。

4.物理结构设计阶段

此阶段为逻辑数据模型选取一个最适合的物理结构，包括存储结构和存取方法。

5.数据库实施阶段

选择具体的数据库管理系统，建立数据库，组织数据入库，并进行试运行。

6.数据库运行和维护阶段

数据库实施后投入正式运行，需要根据运行的情况（包括性能、用户的反馈等）不断地调整及修改数据库，一旦数据库出现故障，应及时进行数据库恢复。

7.2 需求分析

1.需求分析的任务

需求分析的任务是通过详细调查现实世界要处理的对象，充分了解原系统的工作概况，明确用户的各种需求，然后在此基础上确定新系统的功能。

2.系统调查

（1）调查组织机构情况。了解该组织的部门组成情况、各部门的职责。

（2）调查各部门的业务活动情况。包括各部门需要用到的数据以及数据在各部门之间的流动及处理情况。

（3）获取用户对系统的信息需求、处理要求、完整性和安全性要求。

（4）确定系统的边界，即确定哪些业务活动由计算机完成，哪些业务活动由人完成。

3.编写需求分析说明书

完成系统调查后，需要归纳、分析、整理形成一份文档说明，即系统的需求分析说明书。大致包含以下内容：

（1）系统概况，包括系统的目标、范围、背景、历史和现状。

（2）系统的原理和技术及对原系统的改善。

（3）系统总体结构及子系统结构说明。

（4）系统功能说明。

（5）数据处理概要、工程体制和设计阶段划分。

(6)系统方案及技术、经济、功能和操作上的可行性。

除此之外,还包含软硬件的规格指标、组织结构图、数据流图、功能模块图、数据字典等。

7.2.1 需求分析放方法

在调查了解用户的需求后,还需要分析和抽象用户的需求。用于需求分析的方法主要有自顶向下的需求分析和自底向上的需求分析两种。自顶向下的分析方法称为结构化分析方法,是最简单实用的方法。它从最上层的系统组织机构入手,采用逐层分解的方式分析系统,每层都用数据流图和数据字典描述。

7.2.2 数据流图

数据流图是软件工程中专门描述信息在系统中流动和处理过程的图形化工具。

1.画数据流图的步骤

画数据流图步骤是先全局后局部,先整体后细节,先抽象后具体。

第一步:首先画顶层数据流图。它表示系统有哪些输入数据,经过一个加工后,其终点到哪里去。

第二步:再画下一层的数据流图。按照自顶向下、由外向内的方法把一个系统分解为多个子系统,为其画子数据流图,而每层数据流图中的加工还可以继续再分解为更具体细致的下一层数据流图,直到不能分解为止。

2.画分层数据流图的基本原则

(1)数据守恒与数据封闭原则。

所谓数据守恒是指加工的输入输出数据流是否匹配,即每一个加工既有输入数据流又有输出数据流。

(2)加工分解的原则。

自然性:概念上合理、清晰。

均匀性:理想的分解是将一个问题分解成大小均匀的几个部分。

分解度:一般每一个加工每次分解最多不要超过七个子加工,应分解到基本加工为止。

3.分层数据流图的改进

数据流图必须经过反复修改,才能获得最终的目标系统的逻辑模型。

(1)检查数据流的正确性。

①数据守恒;②子图、父图的平衡;③文件使用是否合理。

(2)改进数据流图的易理解性。

①简化加工之间的联系;②改进分解的均匀性;③适当命名。

4.画数据流图的注意事项

(1)图中的每个元素都应该有名字。

(2)每个加工至少有一个输入数据流和一个输出数据流。

(3)父图和子图都应该有相应的编号。

(4)任何一个子数据流图都必须与它上一层的一个加工对应,两者的输入数据流和输出数据流必须一致,即必须保持平衡。

(5)每个数据流必须有流名。

7.2.3 数据流图小结

(1)自顶向下逐层扩展的目的是要把一个复杂的大系统逐步地分解成若干个简单的子系统。

(2)逐层扩展并不等于肢解或蚕食系统,使系统失去原有的面貌,而是要始终保持系统的完整性和一致性。

(3)扩展出来的数据流程图要使用户理解系统的逻辑功能,满足用户的要求。

(4)如果扩展出来的数据流程图已经基本表达了系统所有的逻辑功能和必要的输入、输出,那就没有必要再向下扩展。

(5)一个处理逻辑向下一层扩展出来的数据流程图,它所包含的处理在七个或八个以内比较合适。

7.2.4 数据字典

数据字典是系统中数据的详细描述,用来定义数据流图中各个成分的具体含义,是各类数据结构和属性的清单,是需求分析的重要成果。它在需求分析阶段通常包括五个部分。

(1)数据项:数据不可再分的数据单位,一般包含数据项名、含义说明、别名、数据类型、长度、取值范围、取值含义、与其他数据项的关系。

(2)数据结构:数据项有意义的集合,内容包括数据结构名称、含义说明、数据项名。

(3)数据流:表示数据在系统内传输的路径,可以是数据项,也可以是数据结构,主要包括数据流名、说明、数据流来源、数据流去向、组成、平均流量、高峰期流量。

(4)数据存储:数据结构停留或保存的地方,也是数据流的来源和去向之一,主要包括存储名、说明、编号、流入的数据流、流出的数据流、组成、数据量、存取方式。

(5)处理过程:处理逻辑一般用判定表或判定树来描述。数据字典只用来描述处理过程的说明性信息,包括名称、说明、输入数据流、输出数据流、处理。

7.3 概念结构设计

概念结构设计就是将需求分析得到的用户需求抽象为信息结构，即概念模型。概念模型独立于任何计算机系统，并可以转换为计算机上任一DBMS支持的特定的数据模型。

7.3.1 概念模型的特点

概念模型作为概念结构设计的表达工具，是连接需求分析和数据库逻辑结构的桥梁。它应具备以下特点。

(1)概念模型可以真实地反映现实世界，表达用户的各种需求。

(2)概念模型应易于理解和交流。

(3)概念模型易于修改和扩充，能够随着用户的需求和现实环境的变化而改变。

(4)概念模型易于向各种数据模型转化。

7.3.2 概念结构设计方法

根据实际情况的不同，E-R模型的设计一般有以下四种方法。

(1)自顶向下策略：先定义全局概念结构的框架，再逐步求精细化。

(2)自底向上策略：先定义各局部应用的概念结构，然后再将各局部概念结构集成为全局概念结构。

(3)逐步扩张策略：先定义最重要的核心概念结构，然后再向外扩张，以滚雪球的方式逐步生成其他概念，直至完成全局概念结构。

(4)混合策略：将自顶向下和自底向上相结合，用自顶向下策略设计一个全局概念结构的框架，以它为骨架集成由自底向上策略中涉及的各局部概念结构。

7.3.3 数据抽象和局部E-R模型设计

1.数据抽象

(1)选择局部应用。

在多层数据流图中选择一个适当层次的数据流图作为E-R图的出发点。

(2)对每个局部应用进行数据抽象。

数据抽象主要有三种方法：

分类：定义某一类概念作为现实世界中一组对象的类型。

聚集：定义了某一类型的组成成分。

概括：定义类型之间的一种父子集联系。

2.局部E-R模型设计

(1)作为属性,不能再具有需要描述的性质,即属性必须是不可分的数据项,不能包含其他属性。

(2)属性不能与其他实体具有联系,即E-R图中所表示的联系是实体之间的联系。

3.逐一设计各局部E-R图

根据每个局部应用对应的数据字典及数据流图,逐一确定每个局部应用的实体类型、联系类型,组合成E-R图,并确定实体类型及联系类型的属性,以及确定实体类型的键。

7.3.4 全局概念模型设计

无论采用哪种方法进行集成,形成全局E-R图都有以下三个步骤。

步骤一:E-R图集成。合并所有分E-R图,形成初步的全局E-R图。

步骤二:消除冲突。形成基本的全局E-R图。

步骤三:消除冗余。消除不必要的冗余,形成优化的全局E-R图。

1.E-R图集成

(1)多元集成法。一次性将多个局部E-R图合并为一个全局E-R图。

(2)二元集成法。先集成两个重要的局部E-R图,再用累加的方法逐步将剩余的局部E-R图集成进来。

2.消除冲突

(1)属性冲突。属性冲突分为属性域冲突和属性取值单位冲突。

(2)命名冲突。命名冲突分为异名同义和同名异义。异名同义是指同一实体或属性在不同的局部E-R图中的名字不同。同名异义是指相同的名字在不同的局部E-R图中是指不同实体或者属性。

(3)结构冲突。结构冲突,即同一对象在不同的局部E-R图中分别被作为实体和属性。

3.消除冗余

获得了基本的全局E-R图后,还可能存在冗余的数据和冗余的联系。冗余的数据和冗余的联系容易破坏数据库的完整性,给数据库的维护造成困难,应当予以消除。

7.4 逻辑结构设计

概念模型是独立于任何DBMS数据模型的信息结构。逻辑结构设计的任务是将概念结构设计阶段完成的全局E-R模型转换为DBMS支持的数据模型。它一般分为三个步骤。

步骤一:将概念结构转换为一般的关系、网状、层次,或者面向对象等其他数据模型。

步骤二：将转换来的关系、网状、层次或者面向对象等其他数据模型进行优化。

步骤三：设计用户子模式。

7.4.1 E-R图向关系模型的转换

E-R图向关系模型的转换要解决的问题：如何将实体型和实体间的联系转换为关系模式，如何确定这些关系模式的属性和码。

1. 转换原则

E-R图是由实体型、实体的属性和实体型之间的联系三个要素组成的，所以将E-R图转换为关系模型实际上就是要将实体型、实体的属性和实体型之间的联系转换为关系模式。一个实体型转换为一个关系模式，关系的属性就是实体的属性，关系的码就是实体的码。

2. 实体的转换

（1）常规实体的转换

对于每个实体E，创建一个对应的关系R，关系R的字段由E中所有的简单属性组成。其中，选择实体E的主码作为关系R的主码。

（2）弱实体的转换

对于每个弱实体W及其所依附的强实体E，创建关系R包含W的所有的简单属性、复合属性以及强实体E的主码。

关系R的主码是由强实体的主码加W的部分码构成的。

3. 联系的转换

（1）一个1∶1联系可以转换为一个独立的关系模式，也可以与任意一端对应的关系模式合并。

（2）一个1∶n联系可以转换为一个独立的关系模式，也可以与n端对应的关系模式合并。

（3）一个n∶m联系转换为一个关系模式，与该联系相连的各实体的码以及联系本身的属性均转换为关系的属性，各实体的码组成关系的码或关系码的一部分。

（4）三个或三个以上实体间的一个多元联系可以转换为一个关系模式。

（5）具有相同码的关系模式可合并。

7.4.2 关系模式规范化

应用规范化理论对上述产生的关系的逻辑模式进行初步优化，以减少乃至消除关系模式中存在的各种异常，改善完整性、一致性和存储效率。规范化理论是数据库逻辑设计的指南和工具，规范化过程可分为两个步骤：确定范式级别和实施规范化处理。

1. 确定范式级别

考查关系模式的函数依赖关系，确定范式等级。逐一分析各关系模式，考查主码和非主属性之间是否存在部分函数依赖、传递函数依赖等，确定它们分别属于第几范式。

2. 实施规范化处理

利用规范化理论，逐一考察各个关系模式，根据应用要求，判断它们是否满足规范化要求，可用已经介绍过的规范化方法和理论将关系模式规范。

在需求分析阶段、概念结构设计阶段和逻辑结构设计阶段，数据库规范化理论应用如下。

（1）在需求分析阶段，用函数依赖的概念分析和表示各个数据项之间的联系。

（2）在概念结构设计阶段，以规范化理论为指导，确定关系的主码，消除初步E-R图中冗余的联系。

（3）在逻辑结构设计阶段，从E-R图向数据模型转换过程中，用模式合并与分解的方法达到指定的数据库规范化级别（至少达到3NF）。

7.4.3 模式评价与改进

1. 模式评价

（1）功能评价：指对照需求进行分析的结果，检查规范化后的关系模式集合是否支持用户所有的应用要求。

（2）性能评价：对数据库模式的实际性能进行估计。

2. 模式改进

根据模式评价的结果，对已生成的模式进行改进。

（1）合并：若干个关系模式具有相同的主码，且是以连接查询为主的关系模式，可以按照组合使用频率进行合并。

（2）分解：根据不同的应用要求，可以对关系模式进行水平分解和垂直分解。

①水平分解：把关系的元组分为若干个子集合，将分解后的每个子集定义为一个子关系。

②垂直分解：把关系模式的属性分解为若干个子集合，形成若干个子关系模式，每个子关系模式的主码为原关系模式的主码。

7.5 物理结构设计

数据库在物理设备上的存储结构与存取方法称为数据库的物理结构，它依赖于选定的数据库管理系统。为一个给定的逻辑数据模型选取一个最适合应用要求的物理结构的过程，就是数据库的物理设计。

数据库的物理设计通常分为两步：

（1）确定数据库的物理结构，主要是指存取方法和存储结构。

（2）对物理结构进行评价，主要是评价物理结构的时间和空间效率。

7.5.1　存取方法

存取方法是快速存取数据库中数据的技术。数据库管理系统中提供的存取方法主要有索引存取法、聚簇存取方法、哈希（Hash）存取方法。

1.索引存取法

索引存取法有多种，如位图索引、函数索引、*B*+树索引，其中使用最多的是*B*+树索引。一般考虑在如下情况建立索引。

（1）经常在查询条件中出现的属性上建立索引。

（2）经常在连接操作中的连接条件出现的属性上建立索引。

（3）如果一个属性经常作为最大值和最小值等聚集函数的参数，则考虑在这个属性上建立索引。

2.聚簇存取方法

为了提高某个属性（或属性组）的查询速度，把这个或者这些属性上具有相同值的元组集中存放在连续的物理块中称为聚簇。该属性（或属性组）称为聚簇码。

一个数据库可以建立多个聚簇，一个关系只能加入一个聚簇。

一般可以考虑在如下情况建立聚簇。

（1）针对经常在一起进行连接操作的关系可以建立聚簇。

（2）如果一个关系的一组属性经常出现在相等比较条件中，则该单个关系可建立聚簇。

（3）如果一个关系的一个（或一组）属性上的值重复率很高，则此单个关系可建立聚簇，即对应每个聚簇码值的平均元组数不能太少，太少则聚簇的效果不明显。

3.哈希存取方法

哈希存取方法是用hash函数存储和存取关系记录的方法。指定某个关系上的一个或者一组属性*A*作为hash码，对该hash码定义一个函数（即hash函数），记录的存储地址由hash（a）决定*g*是该记录在属性*A*上的值。

选择hash存取方法的规则：如果一个关系的属性主要出现在等值连接条件中或主要出现在相等比较条件中，而且满足下列两个条件之一，则此关系可以选择hash存取方法。

（1）如果一个关系的大小可预知，而且不变。

（2）如果关系的大小动态改变，而且数据库管理系统提供了动态hash存取方法。

7.5.2 存储结构

1.确定数据存放位置

分区设计一般有以下三条原则:

(1)减少访盘冲突,提高I/O的并行性。

(2)分散热点数据,均衡I/O负荷。

(3)保证关键数据的快速访问,缓解系统瓶颈。

2.确定系统配置

系统配置变量:同时使用数据库的用户数、同时打开的数据库对象数、内存分配参数、缓冲区分配参数(使用的缓冲区长度、个数)、存储分配参数、物理块的大小、物理块装填因子、时间片大小、数据库大小、锁的数目等。

7.5.3 评价物理结构

数据库的物理设计过程中需要对时间效率、空间效率、维护代价和各种用户要求进行权衡,设计出多个方案,数据库设计人员必须对这些方案进行详细的分析、评价,然后从中选择一个较优的方案作为数据库的物理结构。

7.6 数据库的实施

1.数据库结构的建立

利用DBMS提供的DDL语句建立数据库及各种数据库对象,包括分区、表、视图、索 引、存储过程、触发器、用户访问权限等。

2.数据载入

数据载入是指在数据库结构建立后,即可向数据库中载入数据。

3.编写、调试应用程序

数据库应用程序的设计应和数据库设计同步进行。数据库应用程序的编写与调试实质上是使用软件工程的方法进行,包括开发技术与开发环境的选择、系统设计、编码、调试等工作,其功能应能全面满足用户的信息处理要求。

4.数据库试运行

应用程序编写、调试完成,一部分数据入库后,就可以进入数据库的试运行阶段,测试各种应用程序在数据库中的操作情况。这一阶段要完成以下两方面的工作。

(1)功能测试:实际运行应用程序,测试能否完成各种预定的功能。

(2)性能测试:测量系统的性能指标,分析是否符合设计目标。

5.整理文档

在应用程序的编写、调试和试运行中,应该将发现的问题和解决方法记录下来,将它们整理存档作为资料，供以后正式运行和改进时参考。

7.7　数据库的运行和维护

1. 数据库的转储和恢复

数据库的转储和恢复是数据库正式运行之后最重要的维护工作之一。

2. 数据库的安全性、完整性控制

数据库的安全性、完整性控制也是数据库运行时数据库管理员的重要工作内容。

3. 数据库性能的监督、分析和改造

在数据库运行过程中，监督系统运行，对监测数据进行分析，找出改进系统性能的方法是数据库管理员的又一重要任务。

4. 数据库的重组织与重构造

数据库运行一段时间后，由于记录不断增、删、改，将会使数据库的物理存储情况变坏，出现很多空间碎片，从而降低数据的存取效率，使得数据库的性能下降。这时就需要重新整理数据库的存储空间，即数据库重组。

7.8　自我检测

7.8.1　选择题

1. 在数据库设计中，用E-R图来描述信息结构但不涉及信息在计算机中的表示，它是数据库设计的______阶段。

A. 需求分析　　B. 概念设计　　C. 逻辑设计　　D. 物理设计

2. 在关系数据库设计中，设计关系模式是______的任务。

A. 需求分析阶段　　B. 概念设计阶段

C. 逻辑设计阶段　　D. 物理设计阶段

3. 数据字典中未保存______信息。

A. 模式和子模式　　B. 存储模式

C. 文件存取权限　　D. 数据库所用的文字

4. 设计数据库时首先应该设计______。

A. 数据库应用系统结构　　B. 数据库的概念结构

C. 数据库的物理结构　　D.DBMS结构

5. 下列不属于需求分析阶段的工作是______。

A. 分析用户活动　　B. 建立E-R图

C. 建立数据字典　　D. 建立数据流图

6.在需求分析阶段常用______描述用户单位的业务流程。

A.数据流图　　B.E-R图　　C.程序流图　　D.时序图

7.数据流图是在数据库______阶段完成的。

A.逻辑设计　　B.物理设计　　C.需求分析　　D.概念设计

8.当局部E-R图合并成全局E-R图时可能出现冲突，下列不属于合并冲突的是______。

A.属性冲突　　B.语法冲突　　C.结构冲突　　D.命名冲突

9.数据库物理设计完成后，进入数据库实施阶段，下列各项中不属于实施阶段的工作是______。

A.建立库结构　　B.扩充功能　　C.加载数据　　D.系统调试

10.在数据库的概念设计中，最常用的数据模型是______。

A.形象模型　　B.物理模型　　C.逻辑模型　　D.实体-联系模型

11.从E-R模型向关系模型转换，一个m:n联系转换为关系模型时，该关系模式的关键字是______。

A.m端实体的关键字

B.n端实体的关键字

C.m端实体关键字与n端实体关键字组合

D.重新选取其他属性

12.数据库概念设计中，用属性描述实体的特征，属性在E-R图中用______表示。

A.矩形　　B.正方形　　C.菱形　　D.椭圆形

13.数据流程图是用于描述结构化方法中______阶段的工具。

A.可行性分析　　B.详细设计　　C.需求分析　　D.程序编码

14.将如图7.1所示的图书借阅数据库E-R图转换成关系模型，可以转换为______关系模式。

A.1个　　B.2个　　C.3个　　D.4个

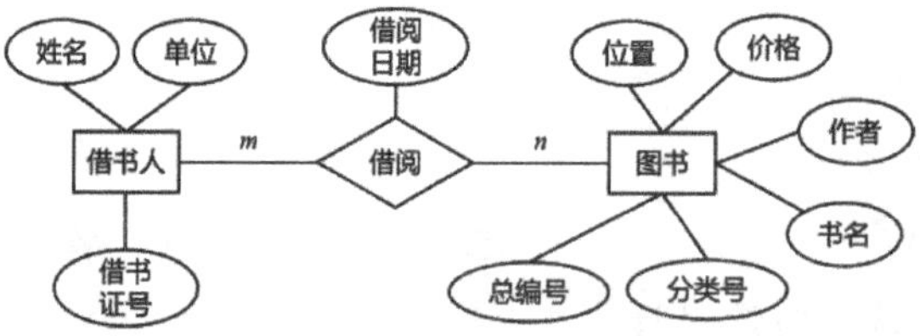

图7.1　图书借阅数据库E-R图

15.E-R图是数据库设计的工具之一，它适用于建立数据库的______。

A.概念模型　　B.逻辑模型　　C.结构模型　　D.物理模型

16.数据库逻辑结构设计的主要任务是______。

A.建立E-R图和说明书　　B.将E-R图转化为关系模式

C.建立数据流图　　　　　　　　D.把数据送入数据库

17.关系数据库的规范化理论主要解决的问题是______。

A.如何构造合适的数据逻辑结构

B.如何构造合适的数据物理结构

C.如何构造合适的应用程序界面

D.如何控制不同用户的数据操作权限

18.下列选项中,不属于全局E-R模型设计的是______。。

A.确定公共实体类型　　　　　　B.消除冲突

C.将E-R图转换为关系模式　　　D.合并局部E-R模型

19.下列属于数据库物理设计的工作是______。

A.将E-R图转换为关系模式　　　B.选择存取路径

C.建立数据流图　　　　　　　　D.收集和分析用户活动

20.对数据库的物理设计优劣评价的重点是______。

A.时空效率　　　　　　　　　　B.动态和静态性能

C.用户界面的友好性　　　　　　D.成本和效益

21.下面不属于数据库物理设计阶段应考虑的问题是______。

A.存取方法的选择

B.索引与入口设计

C.与安全性、完整性、一致性有关的问题

D.用户子模式设计

22.下列不属于数据库逻辑设计阶段应考虑的问题是______。

A.概念模式　　　B.存取方法　　　C.处理要求　　　D.DBMS特性

23.下列关于数据库运行和维护的叙述中,正确的是______。

A.只要数据库正式投入运行,就标志着数据库设计工作的结束

B.数据库的维护工作就是维持数据库系统的正常运行

C.数据库的维护工作就是发现错误,修改错误

D.数据库正式投入运行标志着数据库运行和维护工作的开始

24.E-R图中的联系可以与______实体有关。

A.0个　　　B.1个　　　C.1个或多个　　　D.多个

25.如果两个实体之间的联系是$m:n$,则______引入第三个交叉关系。

A.需要　　　B.不需要　　　C.可有可无　　　D.合并两个实体

26.从E-R图导出关系模式,若实体间的联系是$m:n$,下列说法正确的是______。

A.将m的码和联系的属性纳入n的属性中

B.将n的码和联系的属性纳入m的属性中

C.在m的属性和n的属性中均增加一个表示级别的属性

D.增加一个关系表示联系，其中纳入 m 和 n 的码

27.若两个实体之间的联系是1:m，则实现1:m联系的方法是______。

A.在 m 端实体转换的关系中加入1端实体转换关系的码

B.将 m 端实体转换关系的码加入到1端的关系中

C.在两个实体转换的关系中，分别加入另一个关系的码

D.将两个实体转换成一个关系

28.将一个1:1联系型转换为一个独立模式时，应取______为关键字。

A.一个实体型的关键属性　　　　B.多端实体型的关键属性

C.两个实体型的关键属性组合　　D.联系型的全体属性

29.在E-R模型转换成关系模型的过程中，下列叙述不正确的是______。

A.每个实体类型转换成一个关系模式

B.每个 m:n 联系类型转换一个关系模式

C.每个联系类型转换成一个关系模式

D.在处理1:1和1:n联系类型时，不生成新的关系模式。

30.在E-R模型中，如果有3个不同的实体集，3个 m:n 联系，根据E-R模型转换为关系模型的规则，可以转换______个关系模式。

A.4　　B.5　　C.6　　D.7

7.8.2 填空题

1.数据库设计的六个步骤是__________、__________、__________、__________、__________、__________。

2.在数据库设计中，把数据需求写成文档，它是各类数据描述的集合，包括数据项、数据结构、数据流、数据存储和数据加工过程等的描述，通常称为__________。

3.数据库应用系统的设计应该具有对于数据进行收集、存储、加工、抽取和传播等功能，即包括数据设计和处理设计，而__________是系统设计的基础和核心。

4.数据库实施阶段包括两项重要的工作，一项是数据的__________，另一项是应用程序的编码和调试。

5.在设计局部E-R图时，由于各个子系统分别有不同的应用，而且往往是由不同的设计人员设计，所以各个局部E-R图之间难免有不一致的地方，称为冲突。这些冲突主要有__________、__________和__________。

6.E-R图向关系模式转化要解决的问题是如何将实体和实体之间的联系转换成关系模式，如何确定这些关系模式的__________和__________。

7.由概念设计进入逻辑设计时，原来的实体被转换为对应的__________或__________。

8.由概念设计进入逻辑设计时，原来的__________联系或__________联系通常不

需要被转换为对应的基本表。

9. 假设一个E-R图包含实体A和实体B，并且从A到B存在着$m:n$的联系，则转换成关系模型后，包含＿＿＿＿＿个关系模式。

10. 采用关系模型的逻辑结构设计的任务是将E-R图转换成一组＿＿＿＿＿，并进行＿＿＿＿＿处理。

7.8.3　判断题

1. 需求说明书是系统总体设计方案，是开发单位与用户协商达成的文档。（　）

2. 设计数据库的逻辑结构模式时，只要设计好全局模式，不需要进行各个外模式的设计。（　）

3. 概念设计可以独立于数据库管理系统。（　）

4. 物理设计可以独立于数据库管理系统。（　）

5. 概念设计也要贯彻概念单一化原则，即一个实体中的所有属性都是直接用来描述码的。（　）

6. 对于较复杂的系统，概念设计阶段的主要任务是先根据系统的各个局部应用画出各自对应的局部E-R图，再进行综合和整体设计，画出整体E-R图。（　）

7. 由概念设计进入逻辑设计时，原来的实体不需要转换成对应的基本表或视图。（　）

8. 由概念设计进入逻辑设计时，原来的1:1或$1:n$联系都需要被转换为对应的基本表。（　）

9. 由概念设计进入逻辑设计时，原来的多对多联系通常需要转换成对应的基本表。（　）

10. “为哪些表，在哪些字段上，建立什么样的索引”这一设计内容应该属于数据库设计中的物理设计阶段。（　）

7.8.4　简答题和综合题

1. 简述数据库设计的定义。

2. 简述规范化理论对数据库设计的指导意义。

3. 简述数据库设计过程。

4. 数据库设计的需求分析阶段是如何实现的？目标是什么？

5. 简述数据库设计过程中结构设计部分形成的数据库模式类型。

6. 设有如下实体：

　　学生：学号、单位、姓名、性别、年龄、选修课程名

　　课程：编号、课程名、开课单位、任课教师号

　　教师：教师号、姓名、性别、职称、讲授课程编号

　　单位：单位名称、电话、教师号、教师名

上述实体中存在如下联系：

一个学生可选修多门课程，一门课程可被多个学生选修；

一个教师可讲授多门课程，一门课程可被多个教师讲授；

一个单位可有多个教师，一个教师只能属于一个单位。

试完成如下工作：

(1)分别设计学生选课和教师任课两个局部E-R图。

(2)将上述设计完成的局部E-R图合并成一个全局E-R图。

7.给出工厂数据库的三个局部E-R图，如图7.2所示，试将其合并成一个工厂数据库的全局E-R图，并设置联系实体中的属性(允许增加认为必要的属性，也可将有关基本实体的属性选作联系实体的属性)。

各实体构成如下：

部门：部门号，部门名，电话，地址

职员：职员号，职员名，职务(干部/工人)，年龄，性别

工人：工人编号，姓名，年龄，性别

设备处：单位号，电话，地址

设备：设备号，名称，位置，价格

零件：零件号，名称，规格，价格

厂商：单位号，名称，电话，地址

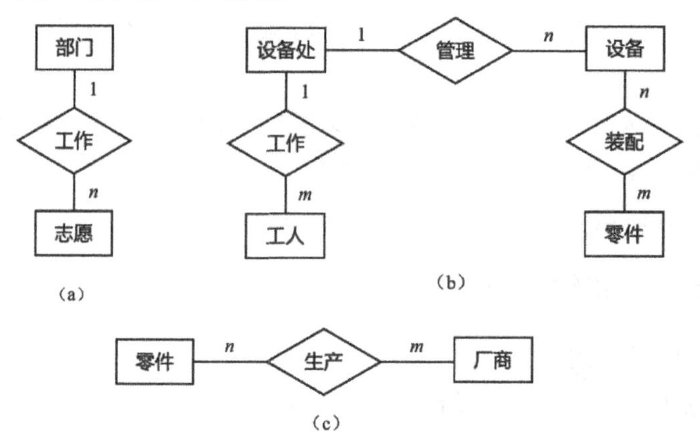

图7.2　工厂数据库的局部E-R图

8.一个图书借阅管理数据库要求提供下述服务：

可随时查询书库中现有书籍的品种、数量与存放位置。所有各类书籍均可由书号唯一标识。

可随时查询书籍借还情况，包括借书人单位、姓名、借书证号、借书日期和还书日期。

约定：任何人可借多种书，任何一种书可被多个人所借，借书证号具有唯一性。

当需要时，可通过数据库中保存的出版社的电报编号、电话、邮编及地址等信息向

有关出版社增购有关书籍。我们约定,一个出版社可出版多种书籍,同一本书仅由一个出版社出版,出版社名具有唯一性。

根据以上情况和假设,试作如下设计:

(1)构造满足需求的图书借阅管理E-R图。

(2)转换为等价的关系模型结构。

9.假设要建立一个企业数据库,该企业下属有多个单位,每个单位有多个职工,一个职工仅隶属于一个单位,且一个职工仅在一个工程中工作,但一个工程中有很多职工参加工作,有多个供应商为各个工程供应不同设备。单位的属性:单位名、电话。职工的属性:职工号、姓名、性别。设备的属性:设备号、设备名、产地。供应商的属性:姓名、电话。工程的属性:工程名、地点。

请完成如下处理:

(1)设计满足上述要求的企业数据库E-R图。

(2)将该E-R图转换为等价的关系模式,并用下划线标明每个关系中的码。

第8章　数据库编程

8.1　编 程 介 绍

数据库编程技术主要包括以下三个方面。

(1)嵌入式SQL(Embedded SQL),主要通过将SQL语句嵌入宿主语言(如C、C++、Java)中。

(2)数据库编程语言。

(3)应用编程接口。

8.2　嵌入式SQL

SQL有两种形式:一种是交互式SQL,即SQL作为独立的数据语言,以交互方式使用;另一种是嵌入式SQL(Embedded SQL),即SQL嵌入其他高级语言中,在其他高级语言中使用。

1.主变量

主变量即宿主变量,是宿主语言中定义的变量,可以在嵌入式SQL中引用,用于嵌入式SQL与宿主语言之间的数据交流,即通过主变量可以由宿主语言向SQL传递参数,又可以将SQL语句处理结果传回给宿主语言。

2.SQL通信区

SQL通信区反映SQL语句的执行状态信息,如数据库连接状态、执行结果、错误信息等。

8.3　数据库编程语言

8.3.1　基本语法

一般而言,过程化的SQL编程结构由如下要素组成:

(1)注释;(2)常量、变量;(3)流程控制语句;(4)错误和消息的处理。

1.变量

T-SQL中有两类变量:一类是用户自定义的局部变量;另一类是系统定义的全局变量。局部变量以@开头,全局变量以@@开头。

定义语句为:

```
DECLARE @variable DATATYPE;
```

变量赋值:

```
SET @variable=expression;
SELECT @variable=expression;
```

2.语句块

BEGIN…END将多个T-SQL语句组合成一个语句块,并将语句块看作是一个单元来处理,在一个BEGIN…END中也可以嵌套另外的语句块。其语法结构如下。

```
BEGIN
〈命令行或程序块〉
END;
```

3.条件分支语句

常用的条件分支语句为IF语句,其语言结构如下。

```
IF boolean_expression
    {sql_statementl};
ELSE
    {sql_statement2};
END IF;
```

如果布尔表达式boolean_expression为真,则执行语句块sql_statementl,否则执行语句块sql_statement2。

4.多分支语句

```
CASE input_expression
    WHEN when_expression_l THEN result_expression_l
    …
    WHEN when_expression_m THEN result_expression_m
ELSE;
    result_expression_n
END;
```

当表达式input_expression的值为when_expression_1时,则执行相应的result_expression_l。

当表达式input_expression的值为when_expression_m时,则执行相应的result_expression_m。

如果input_expression的值都不满足时，则执行result_expression_n。

5.循环语句

```
WHILE boolean_expression
    {sql_statement}
END;
```

当条件表达式boolean_expression为真时，循环执行语句块sql_statement。

8.3.2 存储过程

存储过程是一组编译好的存储在数据库服务器上，完成某一特定功能的程序代码块，它可以有输入参数和返回值。存储过程分为系统提供的存储过程和用户自定义的存储过程。

1.创建存储过程

基本语法：

```
CREATE OR REPLACE PROCE[DURE] 过程名([参数1，参数2，…])
AS <过程化SQL块>;
```

说明：

过程名：数据库服务器合法的对象标识。

参数列表：用名字来标识调用时给出的参数值，必须指定值的数据类型。

过程体：是一个<过程化SQL块>，包括声明部分和可执行语句部分。

2.执行存储过程

执行存储过程时，基本语法：

EXECUTE OR CALL OR PERFORM PROC|PROCEDURE] 过程名([参数1，参数2，…])；

在SQL Server中用EXECUTE语句。其语法如下：

```
EXECUTE { [@整型变量=]<存储过程名>} [ [@参数名=]
[{值 | @ 变量[OUTPUT] | [DEFAULT] }[，…n]]
```

3.修改存储过程

可以使用ALTER PROCEDURE语句修改已经存在的存储过程。修改存储过程，不是删除和重建存储过程，其目的是保持存储过程的权限不发生变化。

```
ALTER PROCEDURE 过程名1    RENAME TO 过程名2;
```

简化语法如下：

```
ALTER PROCE[DURE] procedure_name
[{@parameter data_type}[=default][output]][，…n]
AS sql_statement [...n]
```

4.删除存储过程

```
DROP PROCEDURE 过程名();
```

删除存储过程的语法如下：

```
DROP{PROC | PROCEDURE}{procedure_name};
```

其中“procedure_name”为要删除的存储过程的名字。

8.3.3 函数

函数分为系统函数和用户自定义函数，系统函数可以直接调用。函数的定义和存储过程类似，但是函数必须指定返回类型。其语法结构如下：

```
CREATE FUNCTION function_name(@parameter_name[AS] parameter_datatype
[=DEFAULT] [, …n])RETURNS return_datatype
AS
BEGIN
    function_body
    RETURN expression
END;
```

1.用户自定义函数

用户自定义函数是用于封装经常执行的逻辑的子程序。任何代码想要执行函数所包含的逻辑，都可以调用该函数，而不必重复所有的函数逻辑。用户定义函数接受零个或多个输入参数，并返回单值，可以是单个标题值，也可以是table类型的值。

用户定义函数的好处：实现模块化设计；可以独立于源代码进行修改；加快执行速度；减少网络流量。

2.标量函数的建立与调用

简化语法如下：

```
CREATE FUNCTION [ owner_name.] function_name
( [ { @parameter_name [AS] scalar_parameter_data_type [ = default ] } [ ,…n ] ] )
RETURNS scalar_return_data_type
[ WITH < function_option> [ [,]…n] ]
AS
BEGIN
    function_body
    RETURN scalar_expression
END;
```

在可使用标量表达式的位置可唤醒调用标量值函数，包括计算列和CHECK约束定义。当唤醒调用标量值函数时，至少应使用函数的两部分名称。

[database_name.]schema_name.function_name ([argument_expr][,…])

3. 内嵌表值函数的建立与调用

简化语法结构为：

```
CREATE FUNCTION [ owner_name. ] function_name
( [ { @parameter_name [AS] scalar_parameter_data_type [ = default ] } [ ,…n ] ] )
RETURNS TABLE
    [ WITH < function_option > [ [ , ]…n ] ]
[ AS ]
RETURN [ ( ] select-stmt [ ) ];
```

函数不必定义返回值的格式，只要指定Table关键字就可以了。在return子句中，一个select语句创建一个结果集。可以使用由一部分组成的名称唤醒调用表值函数。

[database_name.][owner_name.]function_name ([argument_expr][,…])

4. 多语句表值函数的建立与调用

简化语法结构为：

```
CREATE FUNCTION [ owner_name. ] function_name
    ( [ { @parameter_name [AS] scalar_parameter_data_type [ = default ] } [ ,…n ] ] )
    RETURNS @return_variable TABLE < table_type_definition >
    WITH < function_option > [ [ , ] …n ] ]
    [ AS ]
    BEGIN
        function_body
        RETURN
    END;
```

可以使用由一部分组成的名称唤醒调用表值函数。

[database_name.][owner_name.]function_name ([argument_expr][,…])

8.3.4 触发器

触发器实际上也是一类特殊的存储过程。触发器也称作“事件—条件—动作”规则。具体说明如下。

•当事件发生时，触发器被激活。

•当满足触发条件时，执行触发器里定义的动作；当不满足触发条件时，不做任何事情。

其中，事件一般是对某个表的插入、删除、修改操作（DML语句）或者DDL定义语句，而动作主要是指任何一组数据库操作语句。

触发器的作用主要有以下六个方面。

(1)触发器可以实现比约束更为复杂的数据约束规则,触发器还可以完成比较复杂的逻辑。

(2)触发器可以实现对相关表的级联修改。

(3)可以修改其他表里的数据。

(4)对于视图的插入、删除、修改操作,可以转化为对基本表的操作。

(5)可以在触发器中调用一个或者多个存储过程。

(6)可以更改原本要操作的SQL语句。

在SQL Server中创建触发器的语法如下:

```
CREATE TRIGGER trigger_name
ON <table_name|view_name>
    {FOR | AFTER | INSTEAD OF}
    {[INSERT] [,] [UPDATE] [,] [DELETE ] [, ] }
AS
    sql_statement
```

8.3.5　游标

SQL语句的执行结果只能整体处理,不能一次处理一行,而当查询返回多行记录时,只能通过游标对结果集中的每行进行处理。游标类似程序设计语言中的指针。可以对SQL语句建立游标。游标的操作一般分为以下几个步骤。

(1)定义游标,游标在使用之前必须先定义。游标一般定义在SQL语句上。

(2)打开游标,游标定义后,在使用它之前需要先打开,使其指向第一条SQL记录。

(3)推进游标,移动游标指针,可以遍历游标里的所有记录,进行逐行处理。

(4)关闭游标,释放游标占用的资源。

在SQL Server中建立游标的语法如下:

```
DECLARE cursor_name CURSOR [ LOCAL | GLOBAL ]
[FORWARD_ONLY | SCROLL ]
[STATIC | KEYSET | DYNAMIC | FAST_FORWARD ]
[READ_ONLY | SCROLL_LOCKS | OPTIMISTIC ]
[TYPE_WARNING ]
FOR select_statement
[FOR UPDATE [ OF column_name [ , …n ]]][;]
```

8.4 数据库接口及访问技术

通过一个数据库接口可以实现编程开发语言与数据库的连接。而数据库标准接口可以实现开发语言与多种不同数据库进行连接。这样的接口有ODBC、JDBC、OLEDB、ADO、ADO.NET等。

数据库访问技术包括C/S和B/S两种访问数据库结构。C/S结构的用户通过客户端访问数据库服务器;B/S结构的用户通过浏览器访问数据库。目前比较受欢迎的网页编程语言有JSP.ASP.NET、PHP等。

8.4.1 ADO.NET编程

ADO. NET数据库连接需要用到以下三个命名空间。

System. Data. SqlClient:用来连接本地SQL服务器。

System. Data. OLEDB:用来连接OLE-DB数据源。

System. Data:用于数据库的高层访问。

ADO. NET的类主要由两部分组成:数据提供程序和数据集。前者负责与物理数据源连接,后者代表实际数据。

数据库连接分为以下四个步骤:

(1)建立连接,通过SqlConnection类与数据库建立连接。

(2)执行SQL命令,通过SqlCommand类执行SQL语句。

(3)获取SQL执行结果,通过DataAdapter、DataReader和DataSet对象获取数据。

(4)闭数据库连接。

8.4.2 JDBC编程

JDBC(Java DataBase Connectivity)是Java语言访问各种数据库的一组标准的Java API,既可以访问数据库MySQL、SQL Server,也可以访问数据库Oracleo、Java API通过相应的JDBC驱动程序访问具体的数据库。

JDBC访问数据库的过程如下。

第一步:加载JDBC驱动程序,建立数据库连接。

第二步:执行SQL语句。

第三步:处理SQL语句执行结果。

第四步:关闭数据库连接。

8.5　自我检测

8.5.1　选择题

1.SQL语言具有两种使用方式,分别称为交互式SQL和______。

A.提示式SQL　　B.多用户SQL　　C.嵌入式SQL　　D.解释式SQL

2.SQL与宿主语言的接口是______。

A.游标　　B.DBMS　　C.共享变量　　D.操作系统

3.对于游标的操作,不需要的操作是______。

A.定义游标　　B.打开游标　　C.指向游标　　D.关闭游标

4.嵌入式SQL的语法结构与自主式SQL的语法结构基本相同,一般是给嵌入式SQL加入一些______。

A.前缀和结束标志　　B.前缀和结束标志

C.前缀和后缀　　D结束标志

5.数据库函数和存储过程的区别是______。

A.定义方式不同　　B.保存方式不同

C.调用方式不同　　D.返回类型不同

6.存储过程是数据库服务器中的一种______对象。

A.预编译　　B.表　　C.索引　　D.视图

7.存储过程可以调用______语言,并返回值。

A.DDL和DCL　　B.DML和DCL　　C.DDL和DML　　D.DCL和DQL

8.操作人员可以使用______创建存储过程。

A.CREATE　　B.CREATE PROCEDURE

C.PROCEDURE CREATE　　D.CREATER PROCEDURE

9.操作人员可以使用______删除存储过程。

A.DROP　　B.DROP PROCEDURE

C.DEL PROCEDURE　　D.PROCEDURE DROP

10.操作人员可以使用______修改存储过程。

A.EDIT PROCEDURE　　B.MODIFY PROCEDURE

C.ALTER PROCEDURE　　D.PROCEDURE ALTER

8.5.2　填空题

1.SQL语言有两种形式,一种是__________,另一种是__________。

2.存储过程为命名块,这类程序块被编译后持久保存在数据库中,可以被反复执行,运行__________。

3.函数的定义和存储过程类似,但是函数必须指定______。

4.__________实际上也是一类特殊的存储过程,但是它不像存储过程那样由用户直接调用执行,而是当满足一定条件时,由系统自动触发执行。

5.SQL语句的执行结果只能整体处理,不能一次处理一行,而当查询返回多行记录时,只能通过__________对结果集中的每行进行处理。

8.5.3 判断题

1.数据中函数是一组编译好的存储在数据库服务器上,完成某一特定功能的程序代码块,它可以有输入参数和返回值。 ( )

2.在数据库编程中,函数是另一类命名程序块,它完成某一特定功能可以长久保存。 ( )

3.触发器实际上也是一类特殊的存储过程。 ( )

4.触发器类似程序设计语言中的指针。 ( )

5.JDBC既可以访问数据库MySQL、SQL Server,也可以访问数据库Oracleo Java API。 ( )

8.5.4 简答题与综合题

1.在嵌入式SQL中,如何区分SQL语句和宿主语言语句?

2.嵌入式SQL如何解决数据库工作单元与源程序工作单元之间的通信?

3.在嵌入式SQL中,如何协调SQL语言的集合处理方式和宿主语言的单记录处理方式?

4.数据库嵌入式编程时的操作步骤是什么?

5.试写出在客户管理系统中创建一个查看客户基本信息的存储过程的相关语句。

第9章 数据库设计案例——毕业论文管理系统

9.1 需求分析

毕业论文管理系统从选题、文档、成绩等方面进行全面管理，可以添加、修改和删除数据，另外可以大量存储数据，可以满足论文管理的需求，以减轻教师的工作压力。此外，系统地对毕业论文进行管理，使各个流程更加规范化，也使相关数据的准确性有了更高的保证。因此，设计毕业论文管理系统是十分有必要和有意义的。

9.1.1 用户需求

传统的毕业论文人工管理方式存在效率低、保密性差、管理不规范等缺点，另外时间一长，将产生大量的文件和数据，这给存档、查找和更新都带来了不少的困难。因此，设计该系统的目的是为管理人员提供高效、便捷的管理手段。具体而言，本系统应具有如下功能。

1.用户信息管理

功能：该模块用于录入、修改、删除毕业生、教师、管理员的详细情况，各个角色都有自己的权限。

说明：使用该功能前必须先登录；学生、教师和管理员的信息可由管理员录入到数据库；各人可以根据权限去修改个人信息。例如学号和教师编号，学生和教师是不能修改的，若要修改，只能由管理员进行。

2.学院、专业设置管理

功能：该模块由管理员针对各个院系的实际情况录入的数据，教师和学生没有修改、编辑的权限，只能够查看。

说明：所有登录系统的用户均可查看。

3.选题管理

功能：管理员和教师可以通过该模块添加、查看、上传和下载选题信息，学生用户可以查看、选题、上传和下载相应文档和文件。

说明：登录后的管理员、教师和学生用户均可使用该功能。

4.成绩管理

功能:管理员和教师都可以通过该模块进行评分,也可以导出成绩表。学生用户只可以查看自己的成绩。

说明:登录后的管理员、教师和学生用户均可使用该功能,只是权限不同。

5.文件管理

功能:用户登录后可以根据自己的需要上传和下载文件和文档,便于进行规范的管理。

说明:登录后的管理员、教师和学生用户均可使用该功能。用户类型有管理员、教师、毕业生三种。其中管理员信息从管理员用户表中读到数据,教师信息从教师用户表中读到数据,毕业生用户直接从毕业生基本信息表中读取相关数据。学号也就是毕业生登录时候的用户名。

6.留言管理

功能:浏览者对本系的教师、同学的意见和建议或者是用户自己想说和想分享的事情可以在留言板中进行发布,相应的用户在登录后都可以在第一时间对留言进行回复。

说明:登录后的管理员、教师和学生用户均可使用该功能。

7.数据字典的维护

功能介绍:管理员可以进行网站信息维护、教师职称和教研室的管理,教师和学生都没有权限。

8.数据备份与恢复

功能:用于对后台所涉及的数据进行备份和恢复。

说明:出于对数据的安全性考虑进行数据备份,由管理员在后台进行处理,该模块只有管理员有权限操作。

9.日志管理

功能:各个用户登录后可以分别查看学生、教师和管理员用户登录的日志。

说明:各个用户可以查看各种角色的登录日志。

9.1.2 数据流图分析

根据用户的需求分析得到系统的数据流图,具体如图9.1~9.7所示。

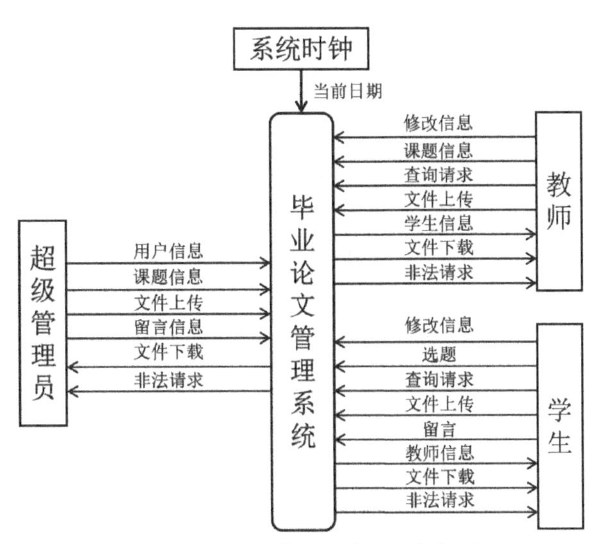

图 9.1　毕业论文管理系统顶层数据流图

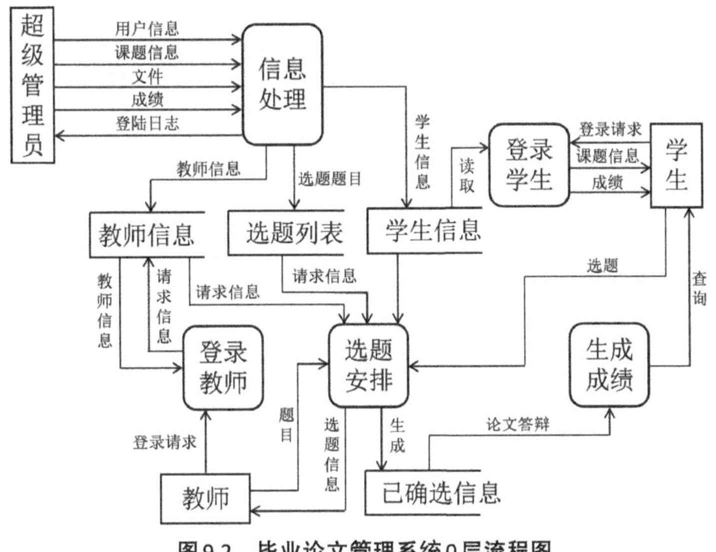

图 9.2　毕业论文管理系统 0 层流程图

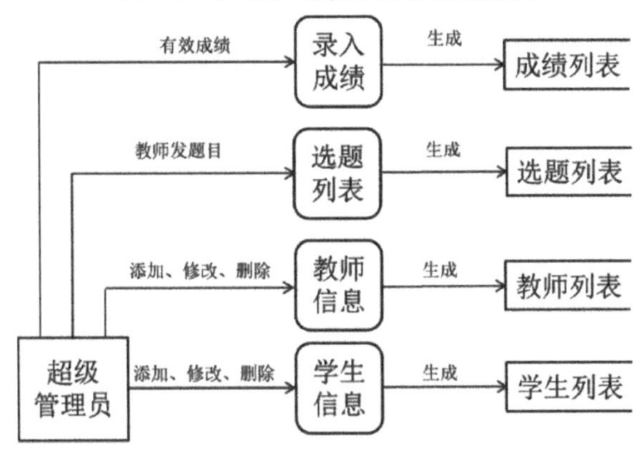

图 9.3　毕业论文管理系统 1 层流程图(超级管理员)

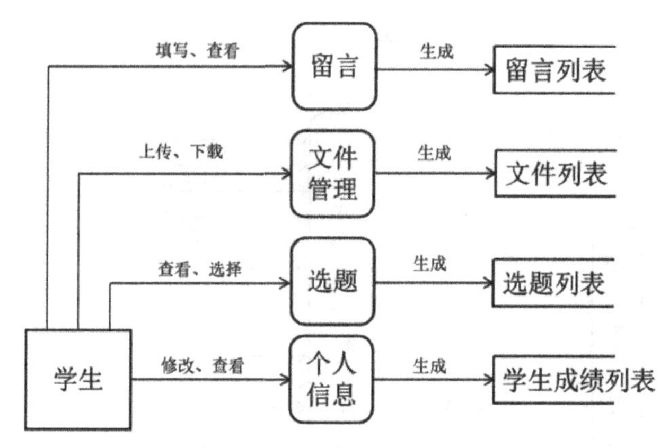

图 9.4　毕业论文管理系统 1 层流程图(学生)

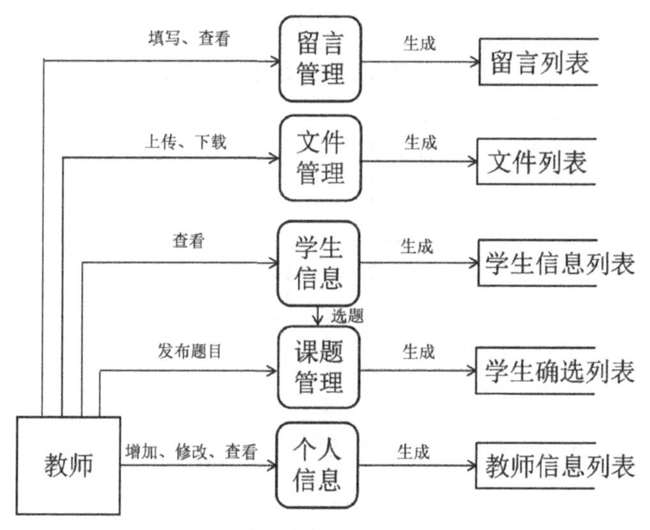

图 9.5　毕业论文管理系统 1 层流程图(教师)

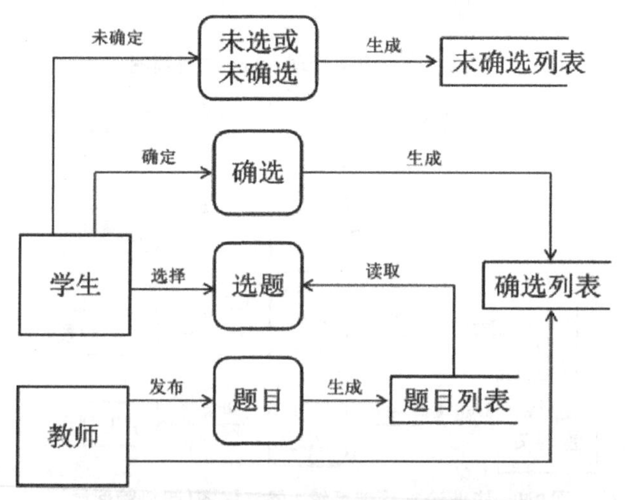

图 9.6　毕业论文管理系统 1 层流程图(选题)

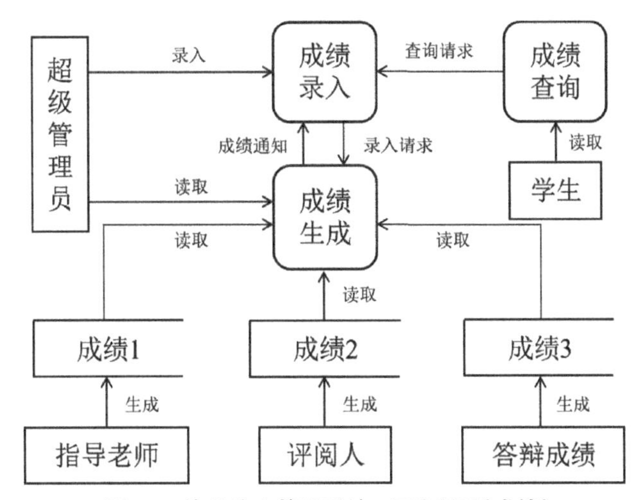

图9.7　毕业论文管理系统1层流程图(成绩)

9.1.3　数据字典

名称:管理员表
描述:用于管理员信息的存储
定义:管理员表=管理员ID+姓名+密码+用户类型

名称:教师表
描述:用于教师相关信息的存储
定义:教师表=教师ID+姓名+教研室+电话号码+职称+简介

名称:留言表
描述:用于留言信息的存储
定义:留言表=留言ID+用户ID+用户名+日期+内容+标志

名称:日志表
描述:用于日志信息的存储
定义:日志表=日志ID+用户ID+用户名+操作+操作时间+登录ID

名称:教研室表
描述:用于教研室信息的存储
定义:教研室表=教研室ID+名称+序号

名称:学院表
描述:用于各学院信息的存储
定义:学院表=学院ID+名称+负责人+电话

名称:选题表
描述:用于选题信息的存储
定义:选题表=选题ID+教师ID+名称+等级+类型+标志

名称:成绩表
描述:用于成绩信息的存储
定义:成绩表=成绩ID+学号+姓名+总成绩+班级+等级+选题编号+成绩(指导老师成绩、评阅人成绩、答辩成绩)

名称:学生表
描述:用于学生信息的存储
定义:学生表=学生ID+学号+姓名+性别+年级+专业+电话号码+QQ+地址

9.2 概念设计

9.2.1 概念结构设计

概念结构设计是指将需求分析得到的用户需求抽象为信息结构,即概念模型结构的过程。在需求分析阶段所得到的应用需求应该先抽象为信息世界的结构,才能更好地、更准确地用某DBMS实现。概念结构是各种数据模型的共同基础,它比数据模型更独立于机器、更抽象,从而更加稳定。

本系统采用的策略是自顶向下方法,即先定义了系统的基本框架设计结构和总体要实现的功能,再逐步细化到该框架中的各个子模块及其各个子模块功能的实现。自顶向下地进行需求分析,再根据需求分析实现各个子模块的功能,最终完成整个系统的设计。

9.2.2 体系结构

根据用户的需求分析和数据流图得到毕业论文管理系统的体系结构如图9.8所示。

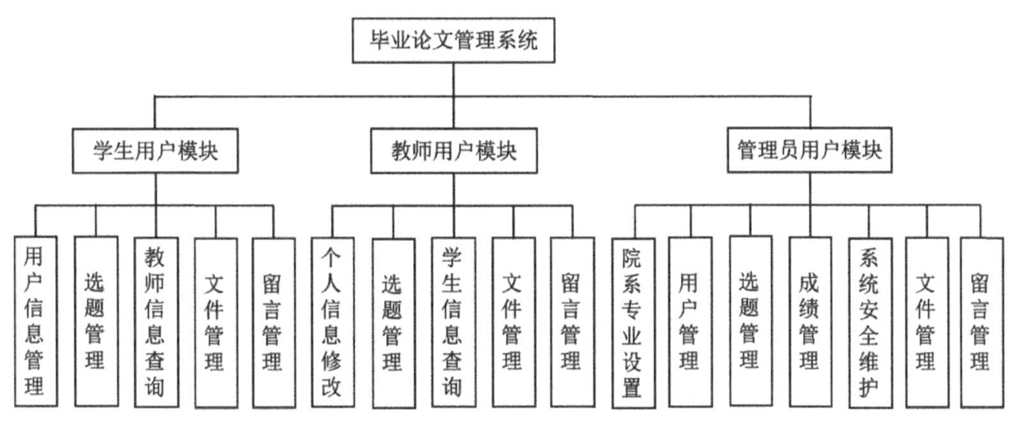

图 9.8　毕业论文管理系统体系结构图

9.2.3　E-R 模型

经过上面对数据的分析、数据流图和数据字典的分析，可以得到各个实体的属性图，具体如图 9.9~9.19 所示，并经过分析得毕业论文管理系统的 E-R 图，如图 9.20 所示：

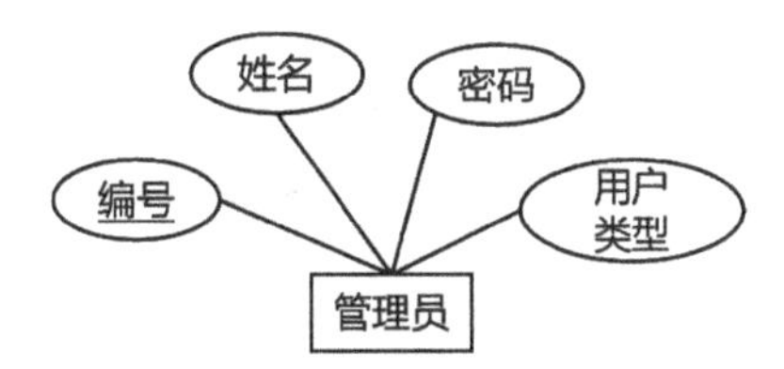

图 9.9　管理员实体属性图

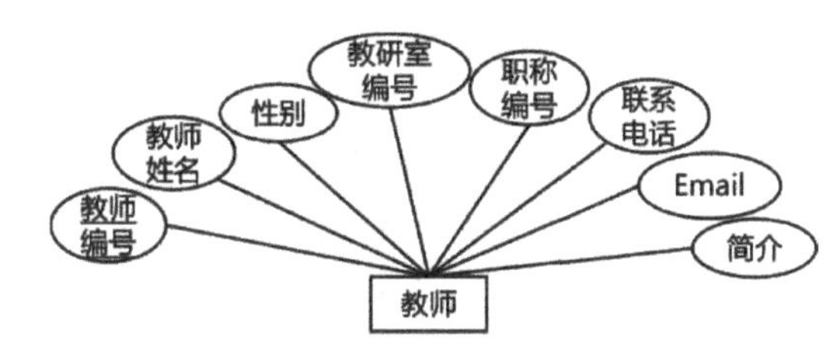

图 9.10　教师用户实体属性图

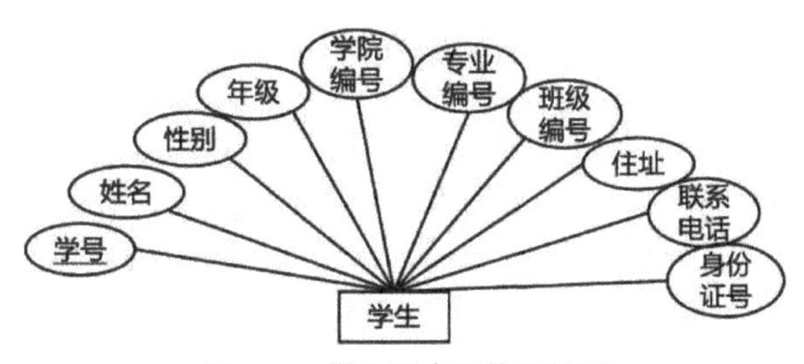

图 9.11　学生用户实体属性图

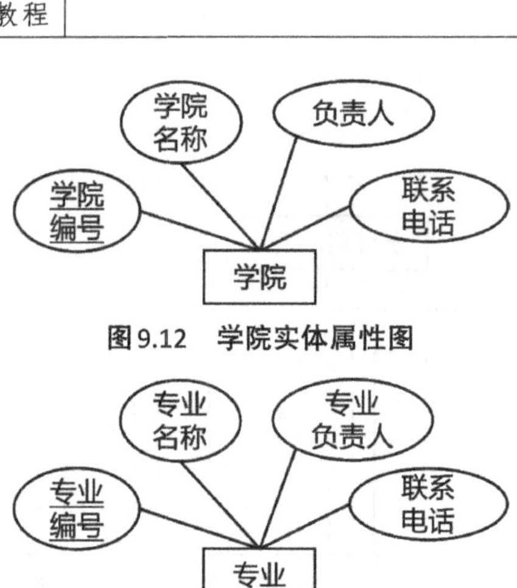

图 9.12　学院实体属性图

图 9.13　专业实体属性图

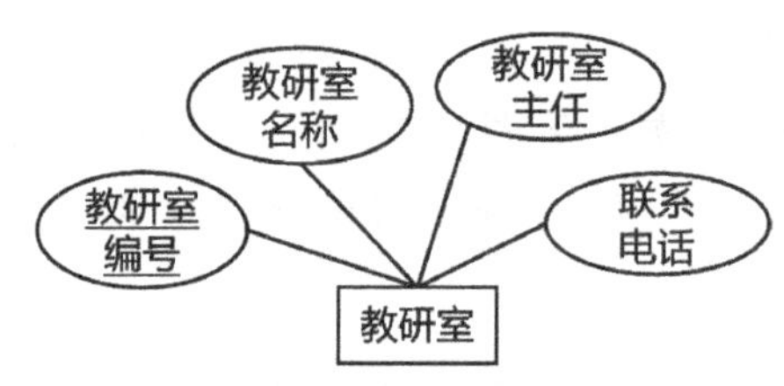

图 9.14　教研室实体属性图

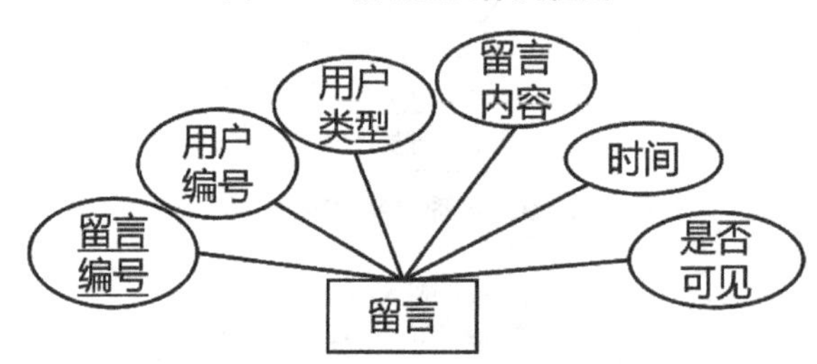

图 9.15　留言板实体属性图

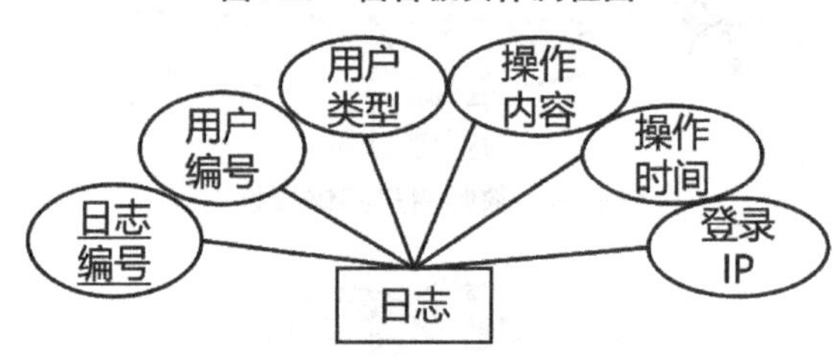

图 9.16　日志实体属性图

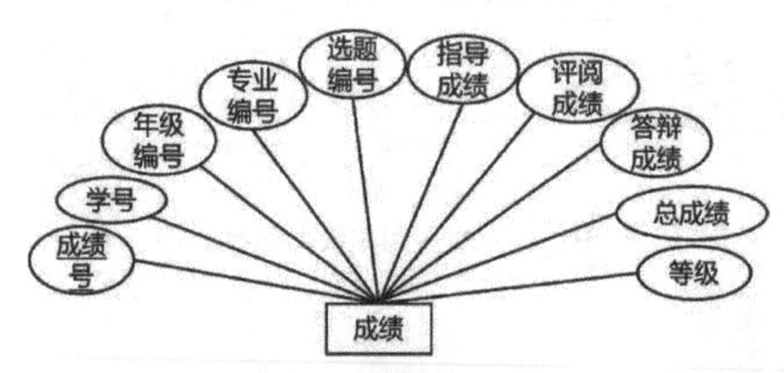

图 9.17　成绩实体属性图

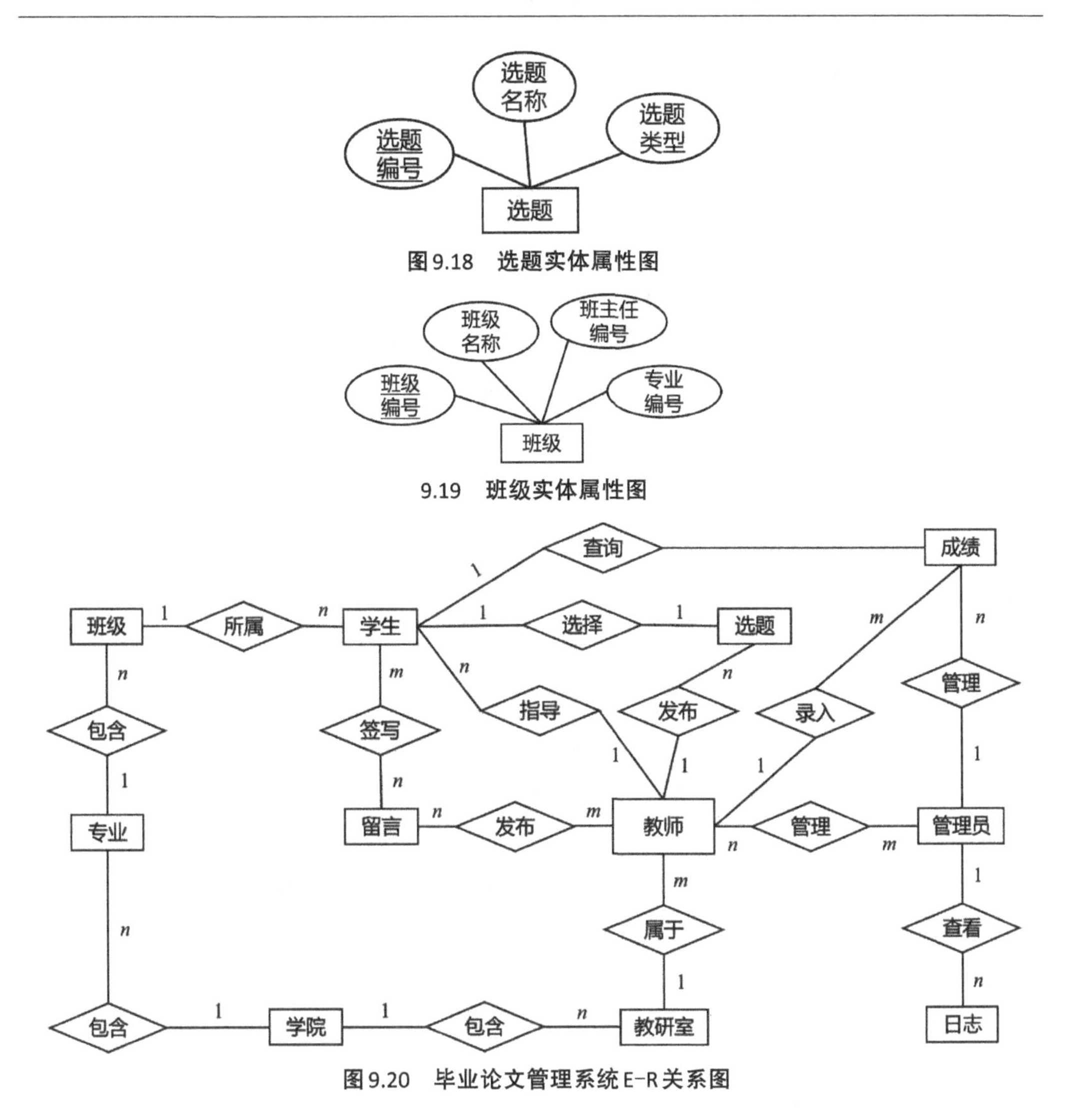

图9.18 选题实体属性图

9.19 班级实体属性图

图9.20 毕业论文管理系统E-R关系图

9.3 逻辑结构设计

概念结构是独立于任何一种数据模型的信息结构。逻辑结构设计的任务就是把概念结构设计阶段设计好的基本E-R图转换为与选用DBMS产品所支持的数据模型相符合的逻辑结构。

在E-R向关系模式转换的过程中，一般可按如下几个规则来实现：

一个实体型转换为一个关系模式。实体的属性就是关系的属性，实体的码就是关系的码。

对于实体型间的联系则有以下不同的情况：

(1)一个1:1联系可以转换为一个独立的关系模式，也可以与任意一端对应的关系模式合并。

(2)一个1:n联系可以转换为一个独立的关系模式,也可以与n端对应的关系模式合并。

(3)一个m:n联系转换为一个关系模式。

(4)3个或3个以上实体间的一个多元联系可以转换为一个关系模式。与该多元联系相连的各实体的码以及联系本身的属性均转换为关系的属性,各实体的码组成关系的码或关系码的一部分。

(5)具有相同码的关系模式可以合并。

根据概念结构设计阶段,得到系统主要的关系模式如下:

①学院表(学院编号,学院名称,负责人,联系电话)

②留言表(留言编号,用户编号,用户类型,留言内容,时间,是否可见)

③教研室表(教研室编号,教研室名称,教研室主任,学院)

④日志表(日志编号,用户编号,用户类型,操作内容,操作时间、登录IP)

⑤成绩表(成绩号,学号,选题编号,专业编号,班级编号,年级编号,指导成绩,评阅成绩,答辩成绩,等级)

⑥专业表(专业编号,专业名称,学院编号,专业负责人)

⑦班级(班级编号,班级名称,专业编号,班主任编号)

⑧选题表(选题编号,选题名称,选题类型,发布教师编号,选题学生编号)

⑨学生表(学号,姓名,性别,年级,学院编号,专业编号,班级编号,住址,联系电话,身份证号)

⑩教师表(教师编号,教师姓名,性别,教研室编号,职称编号,联系电话,Email,简介,教研室编号)

⑪管理员(管理员编号,管理员姓名,管理员权限)

⑫用户表(用户编号,用户名,密码,用户类型)

⑬职称表(职称编号,名称)

⑭签写(学号,留言编号,时间,内容)

⑮发布(教师编号,留言编号,时间,内容)

⑯管理(管理员编号,教师编号,时间,任务)

9.3.1 关系模式到表的转换

学院表用于记录学院的相关信息,各数据项及描述如表9.1所示:

表9.1 学院表

字段名称	长度	数据类型	说明	主键	备注
D_no	4	nvarchar	不允许为空	是	学院编号
D_name	50	varchar	允许为空		学院名称
D_manager	50	varchar	允许为空		负责人
D_telphone	50	varchar	允许为空		联系电话

留言表用于记录留言的相关信息，各数据项及描述如表9.2所示：

表9.2 留言表

字段名称	长度	数据类型	说明	主键	备注
msgID	4	int	不允许为空	是	留言编号
user_id	92	nvarchar	不允许为空		用户编号
U_t_id	9	nvarchar	不允许为空		用户类型
content	500	ntext	允许为空		留言内容
[time]	4	smalldatetime	不允许为空		留言时间
visible	4	int	允许为空		是否可见

教研室信息表用于记录教研室的相关信息，各数据项及描述如表9.3所示：

表9.3 教研室表

字段名称	长度	数据类型	说明	主键	备注
res_id	5	nvarchar	不允许为空	是	教研室编号
res_name	50	nvarchar	允许为空		教研室名称
res_manager	8	nvarchar	允许为空		教研室主任
D_no	4	nvarchar	允许为空		学院编号

日志表用于记录日志的相关信息，各数据项及描述如表9.4所示：

表9.4 日志表

字段名称	长度	数据类型	说明	主键	备注
note_id	16	nvarchar	不允许为空	是	日志编号
user_id	16	nvarchar	允许为空		用户编号
user_type	50	nvarchar	允许为空		用户类型
option0	40	nvarchar	允许为空		操作内容
op_time	20	nvarchar	允许为空		操作时间
login_ip	40	nvarchar	允许为空		登录IP

成绩表用于记录成绩的相关信息，各数据项及描述如表9.5所示：

表9.5 成绩表

字段名称	长度	数据类型	说明	主键	默认值
record_id	4	int	不允许为空	是	成绩编号
St_number	16	nvarchar	不允许为空		学号
Sel_id	4	int	不允许为空		选题编号
sp_id	10	nvarchar	不允许为空		专业编号
st_grade	4	nvarchar	允许为空		年级
st_classNo	2	nvarchar	允许为空		班级编号

续 表

字段名称	长度	数据类型	说明	主键	默认值
Sum_ach	4	int	允许为空		指导成绩
Sum_ach1	4	int	允许为空		评阅成绩
Sum_ach2	4	int	允许为空		答辩成绩
dj	50	nvarchar	允许为空		总成绩

专业信息表用于记录专业的相关信息，各数据项及描述如表9.6所示：

表9.6 专业表

字段名称	长度	数据类型	说明	主键	默认值
Sp_id	10	nvarchar	不允许为空	是	专业编号
D_no	4	nvarchar	允许为空		学院编号
Sp_name	50	nvarchar	允许为空		专业名称
Sp_mannger	8	nvarchar	允许为空		专业负责人

班级表用于记录班级相关信息，各数据项及描述如表9.7所示：

表9.7 班级表

字段名称	长度	数据类型	说明	主键	默认值
class_id	10	nvarchar	不允许为空	是	班级编号
class_name	50	nvarchar	允许为空		班级名称
Sp_id	4	nvarchar	允许为空		专业编号
class_mannger	8	nvarchar	允许为空		班主任

选题表用于记录选题相关信息，各数据项及描述如表9.8所示：

表9.8 选题表

字段名称	长度	数据类型	说明	主键	默认值
topic_id	10	nvarchar	不允许为空	是	选题编号
topic_name	50	nvarchar	允许为空		选题名称
topic_type	30	nvarchar	允许为空		选题类型
tea_id	4	nvarchar	允许为空		发布选题教师
St_number	8	nvarchar	允许为空		选题学生编号

学生表用于记录学生的相关信息，各数据项及描述如表9.9所示：

表9.9 学生表

字段名称	长度	数据类型	说明	主键	备注
St_number	22	nvarchar	不允许为空	是	学号
St_name	10	nvarchar	允许为空		学生姓名
St_sex	2	nvarchar	允许为空		性别

续　表

字段名称	长度	数据类型	说明	主键	备注
St_grade	4	nvarchar	允许为空		年级
D_no	4	int	允许为空		学院编号
Sp_id	10	nvarchar	允许为空		专业编号
St_classNo	20	nvarchar	允许为空		班级编号
St_adress	60	nvarchar	允许为空		住址
St_m_phone	15	nvarchar	允许为空		联系方式
identity_card	19	nvarchar	允许为空		身份证号

教师表用于记录教师的相关信息，各数据项及描述如表9.10所示：

表9.10　教师表

字段名称	长度	数据类型	说明	主键	备注
Tea_id	16	nvarchar	不允许为空	是	教师编号
Tea_name	20	nvarchar	允许为空		姓名
Tsex	2	char	允许为空		性别
Zc_id	2	nvarchar	允许为空		职称编号
Sp_id	10	nvarchar	允许为空		专业编号
Tea_phone	15	nvarchar	允许为空		联系电话
Tea_email	90	nvarchar	允许为空		Email
Tea_intro	16	ntext	允许为空		教师简介
res_id	5	nvarchar	允许为空		教研室编号

管理员表用于记录管理员的相关信息，各数据项及描述如表9.11所示：

表9.11　管理员表

字段名称	长度	数据类型	说明	主键	备注
manager_id	11	nvarchar	不允许为空	是	管理员编号
manager_name	9	nvarchar	允许为空		管理员姓名
manager_class	16	nvarchar	允许为空		权限

用户表用于记录用户的相关信息，各数据项及描述如表9.12所示：

表9.12　用户表

字段名称	长度	数据类型	说明	主键	备注
U_t_id	9	nvarchar	不允许为空		用户类型
user_no	16	nvarchar	不允许为空	是	用户编号
user_name	10	nvarchar	允许为空		用户名
user_pass	20	nvarchar	允许为空		用户密码

职称表用于记录教师职称的相关信息，各数据项及描述如表9.13所示：

表9.13 职称表

字段名称	长度	数据类型	说明	主键	默认值
Zc_id	2	nvarchar	不允许为空	是	
Zc_name	50	nvarchar	允许为空		

签写联系表用于记录签写联系的相关信息，各数据项及描述如表9.14所示：

表9.14 签写联系表

字段名称	长度	数据类型	说明	主键	默认值
st_number	22	nvarchar	不允许为空	是	学号
msgID	4	int	不允许为空		留言编号
[time]	4	smalldatetime	不允许为空		留言时间
content	500	ntext	允许为空		留言内容

发布联系表用于记录发布联系的相关信息，各数据项及描述如表9.15所示：

表9.15 发布联系表

字段名称	长度	数据类型	说明	主键	默认值
Tea_id	16	nvarchar	不允许为空	是	教师编号
msgID	4	int	不允许为空		留言编号
[time]	4	smalldatetime	不允许为空		留言时间
content	500	ntext	允许为空		留言内容

管理联系表用于记录管理联系的相关信息，各数据项及描述如表9.16所示：

表9.16 管理联系表

字段名称	长度	数据类型	说明	主键	默认值
manager_id	11	nvarchar	不允许为空	是	管理员编号
Tea_id	16	nvarchar	不允许为空	是	教师编号
[time]	4	smalldatetime	不允许为空		时间
text	100	ntext	允许为空		任务

9.4　物理设计

部分程序语言如下。

```
CREATE table Department (
D_no CHAR (4) PRIMARY KEY,
D_name VARCHAR (50)NOT NULL,
D_manager VARCHAR(10),
D_Tel VARCHAR (20));

CREATE table Messager(
Msg_ID CHAR (11) PRIMARY KEY,
User_no NVARCHAR (11)NOT NULL,
User_type NVARCHAR(20) ,
Content NVARCHAR (500),
Time datetime,
Visible CHAR (2),
FOREIGN KEY (User_no) REFERENCES User(User_no));

CREATE table Researcher(
Res_id CHAR (5) PRIMARY KEY,
Res_name CHAR (50) NOT NULL,
Res_manager CHAR(8) ,
D_no CHAR(4),
FOREIGN KEY (D_no) REFERENCES Department (D_no));

CREATE table Regedit(
Regedit_id CHAR (16) PRIMARY KEY,
User_no NVARCHAR (11)NOT NULL,
User_type NVARCHAR(20) ,
Option0 NVARCHAR (100),
Op_time datetime,
login_ip VARCHAR(40),
FOREIGN KEY (User_no) REFERENCES User(User_no));
```

```
CREATE table Performance(
Record_id CHAR (10) PRIMARY KEY,
St_No CHAR (11)NOT NULL,
Topic_id CHAR(11) ,
Sp_id CHAR(4),
Grade CHAR(4),
Class_No CHAR(4),
Sum_ach1 DECIMAL(5,2),
Sum_ach2 DECIMAL(5,2),
Sum_ach3 DECIMAL(5,2),
Sum_ach3 DECIMAL(5,2),
FOREIGN KEY (St_No) REFERENCES Studennt(St_No),
FOREIGN KEY (Topic_id) REFERENCES Topic(Topic_id),
FOREIGN KEY (Class_no) REFERENCES Class(Class_No));

CREATE table Special(
Sp_id CHAR (4) PRIMARY KEY,
D_no CHAR (4)NOT NULL,
Sp_name CHAR(50) ,
Sp_mannger CHAR(8) ,
FOREIGN KEY (D_no) REFERENCES Department (D_no));

CREATE table Class(
Class_no CHAR (4) PRIMARY KEY,
Class_name NVARCHAR (50)NOT NULL,
Sp_id CHAR(4) ,
Class_mannger CHAR(8),
FOREIGN KEY (Sp_id) REFERENCES Special (Sp_id));

CREATE table Topic(
Topic_id CHAR (11) PRIMARY KEY,
Topic_name NVARCHAR(50)NOT NULL,
Topic_type NVARCHAR(30) ,
Teacher_id CHAR(11) ,
St_No CHAR(11),
```

```
FOREIGN KEY (Teacher_id) REFERENCES Teacher(Teacher_id),
FOREIGN KEY (St_No) REFERENCES Studennt(St_No)
);

CREATE table Student(
St_No CHAR (11) PRIMARY KEY,
St_name NVARCHAR(10)NOT NULL,
Sex CHAR(2) ,
Grade CHAR(4) ,
D_no CHAR(4) ,
Sp_id CHAR(4) ,
Class_No CHAR(4) ,
Adress NVARCHAR (60) ,
M_phone CHAR(11) ,
Identity_card CHAR(18),
FOREIGN KEY (D_no) REFERENCES Department (D_no),
FOREIGN KEY (Sp_id) REFERENCES Special (Sp_id),
FOREIGN KEY (Class_No) REFERENCES Class(Class_No));
);

CREATE table Teacher(
Teacher_id CHAR (11) PRIMARY KEY,
Tea_name NVARCHAR(10)NOT NULL,
Tsex CHAR(2) ,
Zc_id CHAR(4) ,
Sp_id CHAR(4) ,
Tea_phone CHAR(11),
Tea_email NVARCHAR (50),
Tea_intro NVARCHAR (300) ,
Res_id CHAR (5) ,
FOREIGN KEY (Zc_id) REFERENCES ZC (Zc_id),
FOREIGN KEY (Sp_id) REFERENCES Special (Sp_id),
FOREIGN KEY (Res_id) REFERENCES Researcher (Res_id)
);
```

```
CREATE table Manager(
ManagerNo CHAR (11) PRIMARY KEY,
Manager_name VARCHAR(10)NOT NULL,
Manager_quan CHAR(16) );

CREATE table User(
User_no CHAR(11) PRIMARY KEY,
User_name NVARCHAR(10),
U_type CHAR (11),
User_pass CHAR(2) );

CREATE table ZC(
Zc_id CHAR(11) PRIMARY KEY,
Zc_name NVARCHAR(50));

CREATE table QL(
St_No CHAR(11),
Msg_ID NVARCHAR(11),
Time datetime,
Content NVARCHAR(500),
PRIMARY KEY(St_No, Msg_ID,Time),
FOREIGN KEY (St_No) REFERENCES Student (St_No),
FOREIGN KEY (Msg_ID) REFERENCES Messager ((Msg_ID)
);

CREATE table FL(
Msg_ID CHAR(11),
Teacher_id CHAR(11),
Time datetime,
Content NVARCHAR(500 ),
PRIMARY KEY(Msg_ID, Teacher_id),
FOREIGN KEY (Msg_ID) REFERENCES Messager ((Msg_ID),
FOREIGN KEY (Teacher_id) REFERENCES Teacher ((Teacher_id)
);
```

```
CREATE table GL(
ManagerNo CHAR(11),
Teacher_id CHAR(11),
Time datetime,
Task NVARCHAR (500),
PRIMARY KEY(ManagerNo, Teacher_id),
FOREIGN KEY (ManagerNo) REFERENCES Manager((ManagerNo),
FOREIGN KEY (Teacher_id) REFERENCES Teacher ((Teacher_id)
);
```

9.5 系统实现

毕业论文管理系统实现界面如图 9.21 所示。

论文管理系统　切换用户

系统管理导航：系院设置、专业设置、管理员管理、教师管理、学生管理、选题管理、成绩维护、数据字典维护、系统安全、文件管理、留言建议、后台主页、退出登录

毕业论文管理系统（管理员）

当前用户：admin

您好，欢迎使用毕业论文选题系统！ 管理员操作流程如下：

操作	内容	备注
系院、专业设置	添加系别、专业相关信息，一旦添加请不要改动！	
↓		
数据字典维护	教师职称、教研室信息维护，一般情况不变。	
↓		
添加用户	导入所有教师、学生信息。	
↓		
添加选题	通知指导老师登录系统，添加、管理课题信息。	限时完成
↓		
选题审核	管理员登录后台审核选题。	
↓		
学生选题	通知学生登录系统进行选题……	限时完成
↓		
开始制作	学生确定选题后跟指导老师联系，并在老师的指导下开展课题制作工作……	
↓		
论文验收	学生完成论文设计，并上传至服务器，指导老师验收带领学生的论文，开展相关工作。	
↓		
成绩录入	管理员录入学生选题成绩。	

图 9.21　毕业论文管理系统实现界面

第10章　数据库安全性

10.1　数据库安全性概述

数据库的安全性是指保护数据库以防止不合法使用所造成的数据泄露、更改或破坏。

10.1.1　数据库的安全

数据库安全涉及硬件、软件、人和数据。数据库代表了一种关键的组织机构资源，应该通过适当的控制进行合理的保护。因此需要考虑下列与数据库安全有关的问题：盗用和假冒；破坏机密性；破坏隐私；破坏完整性；破坏可用性。

数据库安全是在不过分约束用户行为的前提下，尽力以经济高效的方式将可预见事件造成的损失降至最小。

10.1.2　威胁

威胁：有意或是无意的、可能会对系统造成负面影响的，进而影响企业运作的任何情况或事件。

威胁可能是由给组织机构带来危害的某种局势或者事件产生的，这种局势或者事件涉及人、人的操作以及环境。

10.1.3　数据库的不安全因素

1.非授权用户对数据库的恶意存取和破坏

一些黑客和犯罪分子在用户存取数据库时猎取用户名和用户口令，然后假冒合法用户偷取、修改甚至破坏用户数据。

2.数据库中重要或敏感的数据被泄露

黑客和敌对分子千方百计盗窃数据库中的重要数据的行为，导致了一些机密信息被暴露。为防止数据泄露，数据库管理系统提供的主要技术有强制存取控制、数据加密存储和加密传输等。

3.安全环境的脆弱性

数据库的安全性与计算机系统的安全性，包括计算机硬件、操作系统、网络系统等的安全性是紧密联系的。

10.2　安全标准简介

TCSEC：1985年，美国国防部颁布的《美国国防部可信计算机系统评估准则》，又称橘皮书。根据计算机系统对各项指标的支持情况，1991年，美国国家计算机安全中心颁布了《可信计算机系统评估准则关于可信数据库系统的解释》，TCSEC/TDI将系统划分为四组七个等级。按系统可靠或可信程度逐渐增高，如表10.1所示。

表10.1　TCSEC/TDI安全级别划分

安全级别	定义
D	最小保护（minimal protection）
C1	自主安全保护（discretionary security protection）
C2	受控的存取保护（controlled access protection ）
B1	标记安全保护（labeled security protection）
B2	结构化保护（structural protection）
B3	安全域（security domains）
A1	验证设计（verified design）

根据系统对安全保证要求的支持情况提出了评估保证级（Evaluation Assurance Level，EAL），从EAL1至EAL7共分为七级，按保证程度逐渐增高，如表10.2所示。

表10.2　CC评估保证级（EAL）的划分

评估保证级	定义	TCSEC安全级别（近似相当）
EAL1	功能测试（functionally tested）	D
EAL2	结构测试（structurally tested）	Cl
EAL3	系统地测试和检查（methodically tested and checked）	C2
EAL4	系统地设计、测试和复查（methodically designed tested and reviewed）	Bl
EAL5	半形式化设计和测试（semiformally designed and tested）	B2
EAL6	半形式化验证的设计和测试（semiformally verified design and tested）	B3
EAL7	形式化验证的设计和测试（formally verified design and tested）	Al

粗略而言，TCSEC的C1和C2级分别相当于EAL2和EAL3；Bl、B2和B3分别相当于EAL4，EAL5和EAL6；A1对应于EAL7。

10.3 数据库安全性控制

10.3.1 基于计算机的控制

针对计算机系统受到的威胁,可采取的对策涵盖物理控制和管理过程。尽管基于计算机的控制手段很多,但值得注意的一点是,通常情况下 DBMS 的安全程度仅与操作系统的安全程度相当,因为两者密切相关。

10.3.2 用户身份标识与鉴别

用户身份标识与鉴别是数据库管理系统提供的数据库系统最外层安全保护措施。

用户进行身份鉴别的方法有很多种,在一个实际的系统中,往往是多种方法结合,以获得更强的安全性。常用的用户身份鉴别方法有以下四种。

1. 静态口令鉴别

静态口令鉴别是常用的鉴别方法。静态口令由用户自己设定,鉴别时只要输入的口令正确,系统就鉴别通过,允许用户使用数据库系统。

2. 动态口令鉴别

动态口令鉴别是目前较为安全的鉴别方式。其口令是动态变化的,每次鉴别时均须使用动态产生的新口令登录数据库系统,也就是"一次一密"。

3. 生物特征鉴别

生物特征鉴别是一种通过生物特征进行身份鉴别的技术。生物特征是指生物体唯一具有的,可测量、识别和验证的稳定生物特征,如指纹、虹膜等。

4. 智能卡鉴别

智能卡是一种不可复制的硬件,内置集成电路芯片,具有硬件加密功能。智能卡由用户携带,登录数据库系统时,用户将智能卡插入专门的读卡器进行身份验证。

10.3.3 存取控制概述

存取控制机制主要包括两部分:定义用户权限,并将用户权限登记到数据字典中。

1. 自主存取控制

在自主存取控制机制中,用户对不同的数据库对象有不同的存取权限,不同的用户对同一对象也有不同的权限,用户可以将其拥有的存取权限转授给其他用户,因此自主存取控制非常灵活。

2. 强制存取控制

在强制存取控制机制中,每个数据库对象被标以一定的密级,每个用户也被授予某一个级别的许可证。对于任意一个对象,只有具有合法许可证的用户才可以存取。

自主存取控制与强制存取控制共同构成数据库管理系统SQL层的安全机制。

3.多级存取控制

较高安全性级别提供的安全保护要包含较低级别的所有保护，因此在实现强制存取控制时要首先实现自主存取控制。

10.4 自主存取控制

自主存取控制主要通过SQL的GRANT语句和REVOKE语句来实现。

具体来说，关系数据库权限（SQL2标准）有下列几种。

读（read）：允许用户读数据，但不能修改数据。

插入（insert）：允许用户插入新的数据。

修改（update）：允许用户修改数据。

删除（delete）：允许用户删除数据。

参照（references）：允许用户引用其他关系的主键作为外键。

除了以上访问数据本身的权限，关系系统还提供给用户修改数据库模式的权限。

Create：允许用户创建新的数据库模式、关系、索引、视图等。

Alter：允许用户修改已有的数据库模式、关系、索引、视图等的结构。

Drop：允许用户撤销已有的数据库模式、关系、索引、视图等的结构。

10.4.1 授权

授权有两层意思：权限授予与收回。SQL中使用GRANT和REVOKE语句向用户授予或收回对数据对象的操作权限。GRANT语句向用户授予权限，REVOKE语句收回已经授予给用户的权限。

1.GRANT语句

GRANT语句的一般格式：

GRANT<权限>[,<权限>]…

ON<对象类型>[,<对象名>]

TO<用户>[,<用户>]…

[WITH GRANT OPTION];

2.REVOKE语句

授予用户的权限可以由数据库管理员或者其他授权者用REVOKE语句收回。REVOKE语句的一般格式：

REVOKE<权限>[,<权限>]…

ON<对象类型>[,<对象名>]

FROM<用户>[,<用户>]…[CASCADE IRESTRICT];

10.4.2 角色

数据库角色(Role)是被命名的一组数据库权限的集合。

1.创建角色

在SQL中创建角色的语法格式为

```
CREATE ROLE<角色名>
```

刚创建的角色权限为空,使用GRANT语句像对用户授权一样为角色授权。

2.给角色授权

```
GRANT<权限>[,<权限>]…
ON<对象类型>[,<对象名>]
TO<角色>[,<角色>]…
```

3.将角色授予其他用户或者角色

```
GRANT<角色1>[,<角色2>]…
TO<用户>[,<角色3>]…
[WITH ADMIN OPTION];
```

GRANT语句把角色授予用户或者另外的角色。

4.角色权限的收回

```
REVOKE<权限>[,<权限>]…
ON<对象类型>[,<对象名>]
FROM<角色>[,<角色>]…
```

使用REVOKE语句可以收回角色的权限,从而修改角色拥有的权限。

10.4.3 视图机制

视图用来对无权限用户屏蔽相应的那一部分数据,从而自动对数据提供一定程度的安全保护。

视图机制间接地实现支持存取谓词的用户权限定义。

10.5 审 计

审计功能是数据库管理系统达到C2(或EAL3)以上安全级别必不可少的一项指标。

10.5.1 审计事件

审计事件分为多个类别,一般有如下四种。

(1)服务器事件:审计数据库服务器发生的事件,包含数据库服务器的启动、停止、数据库服务器配置文件的重新加载。

(2)系统权限:对系统拥有的结构和模式对象进行操作的审计,要求该操作的权限是通过系统权限获得的。

(3)语句事件:对SQL语句及DCL语句的审计。

(4)模式对象事件:对特定模式对象上进行的SELECT或DML操作的审计。模式对象包括表、视图等。模式对象不包括依附于表的索引、约束、触发器等。

10.5.2　审计的作用

(1)可以用来记录所有数据库用户登录及退出数据库的时间,作为记账收费或统计管理的依据。

(2)可以用来监视对数据库的一些特定的访问及任何对敏感数据的存取情况。

说明:审计只记录对数据库的访问活动,并不记录具体的更新、插入或删除的信息内容,这与日志文件是有区别的。

10.6　强制存取控制

在强制存取控制中,数据库系统中的全部实体被分为主体和客体两类。主体是系统中的活动实体,既包括数据库管理系统管理的实际用户,也包括代表用户的进程。客体是系统中的被动实体,受主体操纵,包括数据文件、基本表、索引、视图等。

敏感度标记分为若干级别,从高到低有绝密(Top Secret,TS)、机密(Secret,S)、可信(Confidential,C)、公开(Public,P)。主体的敏感度标记称为许可证级别(clearance level),客体的敏感度标记称为密级(classification level)。

强制存取控制就是通过比对主体的敏感度标记和客体的敏感度标记,最终确定主体是否能够存取客体。

(1)仅当主体的许可证级别大于或等于客体的密级时,该主体才能读取相应的客体。

(2)仅当主体的许可证级别小于或等于客体的密级时,该主体才能写取相应的客体。

10.7　数据加密

数据加密是防止数据库数据——尤其对于高度敏感数据在存储和传输中泄密的有效手段。在数据加密技术中,原始数据称为明文。加密的基本思想是根据一定的算法将明文变换为不可直接识别的密文。

10.7.1 加密技术

好的加密技术具有如下性质。

(1)对于授权用户,加密数据和解密数据相对简单。

(2)加密模式不应依赖于算法的保密,而应依赖于被称作加密密钥的算法参数,该密钥用于加密数据。

(3)对入侵者来说,即使已经获得了加密数据的访问权限,确定解密密钥仍是极其困难的。

对称密钥加密和公钥加密是两种相对立但应用广泛的加密方法。

10.7.2 数据库中的加密支持

数据库加密主要包括存储加密和传输加密。

1.存储加密

对于存储加密,一般提供透明和非透明两种存储加密方式。透明存储加密是内核级加密保护方式,对用户完全透明;非透明存储加密则是通过多个加密函数实现的。

2.传输加密

数据库管理系统提供了传输加密功能,系统将数据发送到数据库之前对其加密,应用程序必须在将数据发送给数据库之前对其加密,并当获取到数据时对其解密。传输加密方法需要对应用程序进行大量的修改。

10.8 自我检测

10.8.1 选择题

1.安全性控制的防范对象主要是______。

A.合法用户　　B.不合语义的数据　　C.不正确的数据　　D.非法操作

2.保护数据库,防止未经授权的或不合法的使用造成的数据泄漏、更改破坏。这是指数据的______。

A.安全性　　B.完整性　　C.并发控制　　D.恢复

3.在数据系统中,对存取权限的定义称为______。

A.命令　　B.授权　　C.定义　　D.审计

4.下列不属于数据库系统必须提供的数据控制功能的是______。

A.安全性　　B.可移植性　　C.完整性　　D.并发控制

5.数据库管理系统通常提供授权功能来控制不同用户访问数据的权限,这主要是为了实现数据库的______。

A.可靠性　　B.一致性　　C.完整性　　D.安全性

6.授权编译系统和合法性检查机制一起组成了______子系统。

A.安全性　　B.完整性　　C.并发控制　　D.恢复

7.用于实现数据存取安全性的SQL语句是______。

A.CREATE TABLE　　B.COMMIT

C.GRANT、REVOKE　　D.ROLLBACK

8.下列SQL语句中,能够实现"收回用户U4对学生表(STUD)中学号(XH)的修改权"这一功能的是______。

A.REVOKE UPDATE(XH) ON TABLE FROM U4

B.REVOKE UPDATE(XH) ON TABLE FROM PUBLIC

C.REVOKE UPDATE(XH) ON STUD FROM U4

D.REVOKE UPDATE(XH) ON STUD FROM PUBLIC

9.将查询SC表的权限授予用户U1,并允许该用户将此权限授予其他用户。实现此功能的SQL语句是______。

A.GRANT SELECT TOSC ON Ul WITH PUBLIC

B.GRANT SELECT ON SC TO Ul WITH PUBLIC

C.GRANT SELECT TO SC ON Ul WITH GRANT OPTION

D.GRANT SELECT ON SC TO Ul WITH GRANT OPTION

10.数据库的安全性控制可以保证用户只能存取他有权存取的数据。在授权的定义中,数据对象的______,授权子系统就越灵活。

A.范围越小　　B.范围越大　　C.约束越细致　　D.范围越适中

11.采用定义视图的机制在数据控制方面要解决的问题是______。

A.数据安全性　　B.数据完整性　　C.数据库恢复　　D.数据库并发控制

12.以下______不属于实现数据库安全性的主要技术和方法。

A.存取控制技术　　B.视图技术

C.审计技术　　D出入机房登记和加锁

13.SQL语言的GRANT和REVOKE语句主要是用来维护数据库的______。

A.完整性　　B.可靠性　　C.安全性　　D.一致性

14.SQL中的视图提高了数据库系统的______。

A.完整性　　B.并发控制　　C.隔离性　　D.安全性

15.按TCSEC(TDI)系统安全标准,系统可信程度逐渐增高的次序是______。

A.D、C、B、A　　B.A、B、C、D　　C.D、B2、B1、C　　D.C、B1、B2、D

16.______是安全产品的最低档次,提供受控的存取保护(DAC)。很多商业产品已得到该级别的认证。

A.D级　　B.C2级　　C.B1级　　D.A级

17.______对系统的数据加以标记，并对标记的主体和客体实施强制存取控制(MAC)以及审计等安全机制，能够较好地满足大型企业或一般政府部门对于数据的安全需求，是真正意义上的安全产品。

A.D级　　B.C2级　　C.B1级　　D.A级

18.______提供验证设计，即提供B3级保护的同时给出系统的形式化设计说明和验证以确信各安全保护真正实现。

A.D级　　B.C2级　　C.B1级　　D.A级

19.下列不是对数据库安全性产生威胁的因素是______。

A.非授权用户对数据库的恶意存取和破坏

B.数据库中重要或敏感的数据被泄露

C.使用数据库时操作失误

D.安全环境的脆弱性

20.______对系统的数据加以标记，并对标记的主体和客体实施强制存取控制(MAC)以及审计等安全机制，能够较好地满足大型企业或一般政府部门对于数据的安全需求，是真正意义上的安全产品。

A.静态列级约束　　B.静态元组约束

C.静态关系约束　　D.动态约束

10.8.2　填空题

1.数据库保护包含数据的__________、__________、__________、__________。

2.数据的安全性是指____。

3.安全性控制的一般方法有__________、__________、__________、__________和视图的保护五级安全措施。

4.存取权限包括两方面的内容，一个是__________，另一个是__________。

5.__________和__________一起组成了安全性子系统。

6.在数据库系统中对存取权限的定义称为__________。

7.在SQL语言中，为了数据库的安全性，设置了对数据的存取进行控制的语句，对用户授权使用__________语句，收回所授的权限使用__________语句。

8.__________是数据库管理系统提供的数据库系统最外层安全保护措施。

9.__________间接地实现支持存取谓词的用户权限定义。

10.用户或应用程序使用数据库的方式称为__________。

10.8.3　判断题

1.DBMS授权控制不同用户访问数据的权限是为了实现数据库的完整性。(　　)

2.加密模式不应依赖算法的保密，而应依赖被称作加密密钥的算法参数，该密钥

用于加密数据。（ ）

3.数据库的安全性就是保证数据的正确性和相容性。（ ）

4.在数据库系统中对存取权限的定义称为控制。（ ）

5.数据库代表了一种关键的组织机构资源，应该通过适当的控制进行保护。（ ）

6.有意或是无意的、可能会对系统造成负面影响的，进而影响企业运作的任何情况或事件叫威胁。（ ）

7.存取控制机制包括：定义用户权限，并将用户权限登记到数据字典中。（ ）

8.在自主存取控制机制中，每个数据库对象被标以一定的密级，每个用户也被授予某一个级别的许可证。（ ）

9.用户权限由两个要素组成：数据库对象和操作类型。（ ）

10.GROUP BY的功能是获得权限的用户可以把这种权限再授予其他用户。（ ）

10.8.4 简答题和综合题

1.数据库安全性和计算机系统安全性有什么关系？

2.简述实现数据库安全性控制的常用方法及内容。

3.对下列两个关系模式：

学生 Student（学号 Sno，姓名 Sname，年龄 Sage，性别 Ssex，家庭住址 Saddress，班级号 Class_no）

班级 Class（班级号 Class_no，班级名 Class_name，班主任 Class_teacher，班长 Monitor）使用GRANT语句完成下列授权功能：

（1）授予用户U1两个表的所有权限，并给其他用户授权。

（2）授予用户U2对学生表具有查看权限，并对家庭住址具有更新权限。

（3）将对班级表查看权限授予所有用户。

（4）将对学生表的查询、更新权限授予角色R1。

（5）将角色R1授予用户U1，并且U1可继续授权给其他角色。

4.简述数据库中的自主存取控制方法和强制存取控制方法。

5.简述数据库的安全性和有哪些安全措施。

6.什么是“权限”？用户访问数据库可以有哪些权限？

7.假设已建立了学生基本表Student（Sno，Sname，Ssex，Sage，Sdept），课程基本表Course（Cno，Cname，Ccredit），基本表SC（Sno，Cno，Grade），试用SQL的授权和回收语句完成下列操作：

（1）把查询Student表的权限授予用户Ul。

（2）把对Student表和Course表的全部权限授予用户U2和U3。

（3）把对表SC的查询权限授予所有用户。

（4）把查询Student表和修改学生学号的权限授给用户U4。

(5)把对表SC的INSERT权限授予用户US,并允许他再将此权限授予其他用户。

(6)数据库管理员把在数据库S_C中建立表的权限授予用户U8。

(7)把用户U4修改学生学号的权限收回。

(8)收回所有用户对表SC的查询权限。

(9)把用户US对表SC的INSERT权限收回。

8.试解释权限的转授与回收。

9.SQL中用户权限有哪几类？并做必要的解释。

10.数据库的并发控制、恢复、完整性和安全性之间有哪些联系和区别？

第11章　事务管理——数据库恢复技术

11.1　事务的基本概念

1.事务

由单个用户或者应用程序执行的，完成读取或者更新数据库内容的一个或者一串操作。

在SQL中，定义事务的语句一般有三条：

BEGIN TRANSACTION；

COMMIT；

ROLLBACK；

2.事务的ACID特性

事务具有四个特性：原子性（Atomicity）、一致性（Consistency），隔离性（Isolation）和持续性（Durability）。这四个特性简称为ACID特性（ACID properties）。

（1）原子性。

事务是数据库的逻辑工作单位，事务中包括的诸操作要么都做，要么都不做。

（2）一致性。

事务执行的结果必须是使数据库从一个一致性状态变到另一个一致性状态。

（3）隔离性。

一个事务的执行不能被其他事务干扰，即一个事务的内部操作及使用的数据对其他并发事务是隔离的，并发执行的各个事务之间不能互相干扰。

（4）持续性。

持续性也称永久性，指一个事务一旦提交，它对数据库中数据的改变就应该是永久性的。

保证事务ACID特性是事务管理的重要任务。事务ACID特性可能遭到破坏的因素有：

（1）多个事务并行运行时，不同事务的操作交叉执行；

（2）事务在运行过程中被强行停止。

11.2 故障的类型

11.2.1 事务故障

事务故障意味着事务没有达到预期的终点COMMIT或者显式的ROLLBACK,因此事务可能处于不正确的状态。事务故障多数是非预期的,造成事务执行失败的错误有逻辑错误和系统错误。

恢复程序要在不影响其他事务运行的情况下,强行回滚该事务,即撤销该事务已经作出的任何对数据库的修改,使得该事务好像根本没有启动一样。这类恢复操作称为事务撤销(UNDO)。

11.2.2 系统故障

系统故障也称为系统崩溃,指软件、硬件故障或者操作系统的漏洞,导致易失性存储器内容丢失,运行其上的所有事务非正常停止。系统故障常称为软故障。

恢复子系统必须在系统重新启动时让所有非正常终止的事务回滚,强行撤销所有未完成事务。

系统重新启动后,恢复子系统除需要撤销所有未完成的事务外,还需要重做(REDO)所有已提交的事务,以将数据库真正恢复到一致状态。

11.2.3 介质故障

介质故障也称为硬故障或者磁盘故障,指非易失性存储器故障(外存故障)。

11.2.4 计算机病毒

计算机病毒是一种人为的故障或破坏,是一些恶作剧者研制的一种计算机程序。这种程序与其他程序不同,它像微生物学所称的病毒一样可以繁殖和传播,并造成对计算机系统包括数据库的危害。

11.3 恢复的基本原理及实现方法

恢复技术的基本原理很简单,就是建立"冗余",建立冗余数据最常用的技术是数据转储和登记日志文件。通常在一个数据库系统中,这两种方法是一起使用的。

基本的实现方法如下。

(1)平时做好两件事情:转储和建立日志

(2)一旦发生数据库故障,分两种情况进行处理。

①如果数据库被破坏,如磁头脱落、磁盘损坏等,数据库就不能正常运行。

②如果数据库没有被破坏,但是有些数据已经不可靠,受到质疑,这时不必去复制存档的数据库,只要通过日志执行撤销处理(UNDO)。

11.4　恢复技术

11.4.1　数据转储

数据转储:数据库管理员将整个数据库复制到磁带或另一个磁盘上保存起来的过程。

1.静态转储与动态转储

静态转储:在系统中无事务运行时进行转储,转储开始时数据库处于一致性状态,转储期间不允许对数据库的任何数据进行修改活动。

动态转储:转储操作与用户事务并发进行,转储期间允许对数据库进行数据修改。

2.海量转储与增量转储

海量转储指每次转储全部数据库,很多数据库产品称其为完整备份。增量转储只转储上次转储后更新过的数据。

3.转储方法小结

转储方式有海量转储与增量转储两种,分别可以在静态与动态两种状态下进行。

11.4.2　登记日志文件

1.日志文件登记的信息

(1)各个事务的开始标记(BEGIN TRANSACTION)。

(2)各个事务的结束标记(COMMIT或ROLLBACK)。

(3)各个事务的所有更新操作。

(4)与事务有关的内部更新操作。

2.基于记录的日志文件中的一个日志记录需要登记的信息

(1)事务标识(标明是哪个事务)。

(2)操作类型(插入、删除或修改)。

(3)操作对象(记录内部标识)。

(4)更新前数据的旧值(对插入操作而言,此项为空值)。

(5)更新后数据的新值(对删除操作而言,此项为空值)。

3.基于数据块的日志文件中的一个日志记录需要登记的信息

(1)事务标识(标明是哪个事务)。

(2)被更新的数据块号。

(3)更新前数据所在的整个数据块的值(对插入操作而言,此项为空值)。

(4)更新后整个数据块的值(对删除操作而言,此项为空值)。

4. 日志记录标记

为了方便,日志记录简记如下。

更新日志记录表示为<T_i, X_i, V_1, V_2>,表示事务T_i对数据项X_i,执行了一个写操作,写操作前X_i的值是V_1,写操作后X_i的值是V_2。

类似地,有<T_i start>,表示事务T_i开始;<T_i commit>,表示事务T_i提交;<T_i abort>,表示事务T_i中止。

11.4.3 日志登记原则

1. 日志登记原则概述

为保证数据库是可恢复的,登记日志文件时必须遵循两个原则:(1)登记的次序为并行事务执行的时间次序。(2)必须先写日志文件,后写数据库。

2. 日志技术下的事务提交

当一个事务的COMMIT日志记录输出到稳定存储器后,这个事务就提交了。

在原理上,要求事务提交时,包含该事务修改的数据块输出到稳定存储器。但对于大多数基于日志的恢复技术,这个输出可以延迟到某个时间再输出。

11.4.4 使用日志重做和撤销事务

利用日志,只要存储日志的非易失性存储器不发生故障,系统就可以对任何故障实现恢复。恢复子系统使用两个恢复过程REDO和UNDO来完成恢复操作。

REDO(T):将事务T更新过的所有数据项的值都设置成新值。

UNDO(T):将事务T更新过的所有数据项的值都恢复成旧值。

具体做法:

UNDO处理:反向扫描日志文件,对每个需UNDO的事务的更新操作执行反操作。

REDO处理:正向扫描日志文件重新执行登记的操作。

11.4.5 检查点

检查点的建立过程如下:

(1)将当前位于主存缓冲区的所有日志记录输出到稳定存储器。

(2)将所有更新过的数据缓冲块输出到磁盘。

(3)将一个日志记录<checkpoint L>输出到稳定存储器,其中L是执行检查点时正活跃的事务列表。

11.5 恢复策略

当系统运行过程中发生故障,利用数据库后备副本和日志文件就可以将数据库恢复到故障前的某个一致性状态。不同故障其恢复策略和方法也不一样。

11.5.1 事务故障的恢复

事务的恢复步骤:

(1)反向扫描日志文件,查找该事务的更新操作。

(2)对该事务的更新操作执行逆操作,即将日志记录中"更新前的值"写入数据库。

(3)继续反向扫描日志文件,查找该事务的其他更新操作,并做同样处理。

(4)如此处理下去,直至读到此事务的开始标记,事务故障恢复就完成了。

UNDO处理:若事务提交前出现异常,则对已执行的操作进行撤销处理,使数据库恢复到该事务开始前的状态。

具体做法:反向扫描日志文件,对每个需UNDO的事务的更新操作执行反操作。

REDO处理:重做已提交事务的操作。

具体做法:正向扫描日志文件重新执行登记的操作。

11.5.2 系统故障的恢复

系统故障的恢复是由系统在重新启动时自动完成的,不需要用户干预。

系统的恢复步骤:

(1)正向扫描日志文件,即从头扫描日志文件,找出在故障发生前已经提交的事务,将其事务标识记入重做队列。

(2)对撤销队列中的各个事务进行UNDO处理。

(3)对重做队列中的各个事务进行REDO处理。

11.5.3 介质故障的恢复

发生介质故障后,磁盘上的物理数据和日志文件被破坏,这是最严重的一种故障,恢复方法是重装数据库,然后重做已完成的事务。

(1)装入最新的数据库后备副本(离故障发生时刻最近的转储副本),使数据库恢复到最近一次转储时的一致性状态。

(2)装入相应的日志文件副本(转储结束时刻的日志文件副本),重做已完成的事务。

11.5.4 具有检查点的恢复技术

具有检查点的恢复技术是在日志文件中增加一类新的记录——检查点记录，增加一个重新开始文件，并让恢复子系统在登录日志文件期间动态地维护日志。

检查点记录的内容包括：建立检查点时刻所有正在执行的事务清单；这些事务最近一个日志记录的地址。

动态维护日志文件方法：周期性地执行建立检查点、保存数据库状态的操作。具体步骤：

（1）将当前日志缓冲区中的所有日志记录写入磁盘的日志文件上。

（2）在日志文件中写入一个检查点记录。

（3）将当前数据缓冲区的所有数据记录写入磁盘的数据库中。

（4）把检查点记录在日志文件中的地址写入一个重新开始文件。

系统使用检查点方法进行恢复的步骤：

（1）从重新开始文件中找到最后一个检查点记录在日志文件中的地址，由该地址在日志文件中找到最后一个检查点记录。

（2）由该检查点记录得到检查点建立时刻所有正在执行的事务清单ACTIVE-LIST。这里建立两个事务队列：

UNDO-LIST：需要执行UNDO操作的事务集合；

REDO-LIST：需要执行REDO操作的事务集合。

把ACTIVE-LIST暂时放入UNDO-LIST队列，REDO队列暂为空。

（3）从检查点开始正向扫描日志文件。

（4）对UNDO-LIST中的每个事务执行UNDO操作，对REDO-LIST中的每个事务执行REDO操作。

11.6 自我检测

11.6.1 选择题

1.______是DBMS的基本单位，它是用户定义的一组逻辑一致的程序序列。

A.程序　B.命令　C.事务　D.文件

2.事务的原子性是指______。

A.事务中包括的所有操作要么都做，要么都不做

B.事务一旦提交，对数据库的改变是永久的

C.一个事务内部的操作及使用的数据对并发的其他事务是隔离的

D.事务必须是使数据库从一个一致性状态变到另一个一致性状态

3.事务的一致性是指______。

A.事务中包括的所有操作要么都做,要么都不做

B.事务一旦提交,对数据库的改变是永久的

C.一个事务内部的操作及使用的数据对并发的其他事务是隔离的

D.事务必须是使数据库从一个一致性状态变到另一个一致性状态

4.事务的隔离性是指______。

A.事务中包括的所有操作要么都做,要么都不做

B.事务一旦提交,对数据库的改变是永久的

C.一个事务内部的操作及使用的数据对并发的其他事务是隔离的

D.事务必须是使数据库从一个一致性状态变到另一个一致性状态

5.事务的永久性是指______。

A.事务中包括的所有操作要么都做,要么都不做

B.事务一旦提交,对数据库的改变是永久的

C.一个事务内部的操作及使用的数据对并发的其他事务是隔离的

D.事务必须是使数据库从一个一致性状态变到另一个一致性状态

6.事务是数据库执行的基本工作单位。如果一个事务执行成功,则全部更新提交;如果一个事务执行失败,则已做过的更新被恢复原状,好像整个事务从未有过这些更新,这就保持数据库处于______状态。

A.安全性　　B.一致性　　C.完整性　　D.可靠性

7.若系统在运行过程中,由于某种原因,造成系统停止运行,致使事务在执行过程中以非控方式终止,这时内存中的信息丢失,而存储在外存上的数据未受影响,这种情况称为______。

A.事务故障　　B.系统故障　　C.介质故障　　D.运行故障

8.若系统在运行过程中,由于某种硬件故障,使存储在外存上的数据部分损失或全部损失,这种情况称为______。

A.事务故障　　B.系统故障　　C.介质故障　　D.运行故障

9.______用来记录对数据库中数据进行的每一次更新操作。

A.后援副本　　B.日志文件　　C.数据库　　D.缓冲区

10.日志文件是用于记录______。

A.程序运行过程　　B.数据操作

C.对数据的所有更新操作　　D.程序执行的结果

11.后援副本的用途是______。

A.安全性保障　　B.一致性控制　　C.故障后的恢复　　D.数据的转储

12.用于数据库恢复的重要文件是______。

A.数据库文件　　B.索引文件　　C.日志文件　　D.备注文件

13. 下面的几种故障中，会破坏正在运行的数据库的是______。

A. 中央处理器故障　　B. 操作系统故障

C. 突然停电　　D. 瞬时的强磁场干扰

14. 下列几种情况中，不破坏数据库的是______。

A. 磁盘的磁头碰撞　　B. 突然停电

C. 瞬时的强磁场干扰　　D. 磁盘损坏

15. 下列不是数据库恢复采用的方法是______。

A. 建立检查点　　B. 建立副本　　C. 建立日志文件　　D. 建立索引

16. 写一个修改到数据库中，与写一个表示这个修改的运行记录到日志文件中是两个不同的操作，对这两个操作的顺序安排应该是______。

A. 前者先做　　B. 后者先做　　C. 由程序员安排　　D. 由系统决定

17. 数据库恢复的基础是利用转储的冗余数据包。这些转储的冗余数据包指______。

A. 数据字典、应用程序、审计档案、数据库后援副本

B. 数据字典、应用程序、日志文件、审计档案

C. 日志文件、数据库后援副本

D. 数据字典、应用程序、数据库后援副本

18. 若数据库中只包含成功事务提交的结果，则此数据库就称为处于______状态。

A. 安全　　B. 一致　　C. 不安全　　D. 不一致

19. 当数据库损坏时，数据库管理员可以通过______方式恢复数据库。

A. 事务日志文件　　B. 主数据文件　　C.UPDATE 语句　　D. 联机帮助文件

20. 在数据库中，产生数据不一致的根本原因是______。

A. 数据存储量太大　　B. 没有严格保护数据

C. 未对数据进行完整性控制　　D. 数据冗余

21.SQL 语言中 ROLLBACK 语句的主要作用是______。

A. 中断程序　　B. 事务回退　　C. 事务提交　　D. 终止程序

22. 在设置检查点情况下，系统故障的恢复______。

A. 不需要回滚未提交的事务

B. 重做最后一个检查点之后提交事务的更新操作

C. 回滚未提交的事务至最后一个检查点

D. 重做日志文件中的所有已经提交的事务

23. 事务的隔离性是由 DBMS 的______实现的。

A. 事务管理子系统　　B. 恢复管理子系统

C. 并发控制子系统　　D. 完整性子系统

24. 在数据库恢复时，对尚未做完的事务执行______。

A.REDO 处理　　B.UNDO 处理　　C.ABORT 处理　　D.ROLLBACK

25.表示两个或多个事务可以同时运行而不互相影响的是______。

A.原子性　　B.一致性　　C.独立性　　D.持久性

11.6.2 填空题

1.__________是DBMS的基本单位,它是用户定义的一组逻辑一致的操作序列。

2.若事务在运行过程中,由于种种原因,使事务未运行到正常终止点就被撤销,这种情况就称为__________。

3.如果多个事务依次执行,则称事务是__________执行;如果利用分时的方法,同时处理多个事务,则称事务是__________执行。

4.数据库恢复是将数据库从__________状态恢复到__________的功能。

5.数据库系统在运行过程中,可能会发生故障。故障主要有__________、__________、介质故障和__________四类。

6.数据库系统在运行过程中,可能会发生各种故障,其故障对数据库的影响总结起来有两类:__________和__________。

7.数据库系统是利用存储在外存上其他地方的__________来重建被破坏的数据库。方法主要有两种:__________和__________。

8.制作后援副本的过程称为__________,它又分为__________和__________。

9.事务故障、系统故障的恢复是由______完成的,介质故障是由________完成的。

10.数据库恢复通常可采取如下方法:

(1)定期将数据库做成__________。

(2)在进行事务处理过程中将数据库更新的全部内容写入__________。

(3)在数据库系统运行正确的情况下,系统按一定时间间隙设立______________。

(4)发生故障时,用当时数据内容和__________的更新前的映像,将文件恢复到最近的__________状态。

(5)用(4)间不能恢复数据时,可用最新的__________和__________的更新映像将文件恢复到最新的__________状态。

A.副本文件　　B.日志文件　　C.检查点文件　　D.死锁文件

E.两套文件　　F.主文件　　G.库文件

11.6.3 判断题

1.对数据库的操作要求以运行日志为依据。　　(　　)

2.转储是一种恢复数据库的有效手段,DBA应频繁地进行数据转储操作。(　　)

3.用数据库镜像技术时不宜对整个数据库进行镜像。　　(　　)

4.事务故障是一种系统故障。　　(　　)

5.登记日志文件时必须遵守的一条原则:必须先写数据库,后写日志文件。

（　　）

6. 在数据库中产生数据不一致的根本原因是冗余。（　　）

7. 为保证数据库的正确性，必须先写日志文件，后写数据库。（　　）

8. 用于数据库恢复的重要文件是索引文件。（　　）

9. 对事务回滚的正确描述是将该事务对数据库的修改进行恢复。（　　）

10. 事务内部的故障有的是可以通过事务程序本身发现的，有的是非预期的、不能由事务程序处理的。（　　）

11.6.4 简答题和综合题

1. 简述事务的四个性质，并解释每一个性质对数据库系统有何益处。

2. 简述事务的COMMIT操作和ROLLBACK操作。

3. 简述UNDO操作和REDO操作。

4. 数据库管理系统中有哪些类型的故障？哪些故障破坏了数据库？哪些故障未破坏数据库，但使其中某些数据变得不正确？

5. 什么是数据库的恢复？恢复的基本原则是什么？恢复实现的方法有哪些？

6. 登记日志文件时为什么必须先写日志文件，后写数据库？

7. 简述事务故障恢复的策略和步骤。

8. 数据库中为什么要有恢复子系统？它的功能是什么？

9. 简述先写日志文件的原因。

第12章　事务管理——并发控制

12.1　并发控制概述

并发控制带来的数据不一致性包括丢失修改、不可重复读和读“脏”数据。

1.丢失修改

两个事务T_1和T_2读入同一数据并修改，T_2提交的结果破坏了T_1提交的结果，导致T_1的修改丢失。

2.不可重复读

不可重复读是指事务T_1读取数据后，事务T_2执行更新操作，使T_1无法再现前一次读取结果。具体地讲，不可重复读包括三种情况：

（1）当事务T_1读取某一数据后，事务T_2对其做了修改，当事务T_1再次读该数据时，得到与前一次不同的值。

（2）事务T_1按一定条件从数据库中读取了某些数据记录后，事务T_2删除了其中部分记录，当T1再次按相同条件读取数据时，发现某些记录神秘地消失了。

（3）事务T_1按一定条件从数据库中读取某些数据记录后，事务T_2插入了一些记录，当T1再次按相同条件读取数据时，发现多了一些记录。

3.读“脏”数据

读“脏”数据是指事务T_1修改某一数据并将其写回磁盘，事务T_2读取同一数据后，T_1由于某种原因被撤销，这时被T_1修改过的数据恢复原值，T_2读到的数据就与数据库中的数据不一致，则T_2读到的数据就为“脏”数据，即不正确的数据。

12.2　封　　锁

封锁就是事务T在对某个数据对象（例如表、记录等）操作之前，先向系统发出请求，对其加锁。加锁后事务T就对该数据对象有了一定的控制，在事务T释放它的锁之前，其他事务不能更新此数据对象。

基本的封锁类型有两种：

排他锁（X锁）又称为写锁。若事务T对数据对象A加上X锁，则只允许T读取和修改A,其他任何事务都不能再对A加任何类型的锁,直到T释放A上的锁为止。这就保证了其他事务在T释放A上的锁之前不能再读取和修改A。

共享锁(S锁)又称为读锁。若事务T对数据对象A加上S锁,则事务T可以读A但不能修改A,其他事务只能再对A加S锁,而不能加X锁,直到T释放A上的S锁为止。这就保证了其他事务可以读A,但在T释放A上的S锁之前不能对A做任何修改。

12.3 封锁协议

1. 一级封锁协议

一级封锁协议是指事务T在修改数据R之前必须先对其加X锁,直到事务结束才释放。一级封锁协议可防止丢失修改,并保证事务T是可恢复的。

在一级封锁协议中,如果仅仅是读数据而不对其进行修改,是不需要加锁的,所以它不能保证可重复读和不读“脏”数据。

2. 二级封锁协议

二级封锁协议是指在一级封锁协议基础上增加事务T在读取数据R之前必须先对其加S锁,读完后即可释放S锁。二级封锁协议除防止丢失修改,还可进一步防止读“脏”数据。

3. 三级封锁协议

三级封锁协议是指在一级封锁协议的基础上增加事务T在读取数据R之前必须先对其加S锁,直到事务结束才释放。三级封锁协议除防止丢失修改和读“脏”数据,还进一步防止了不可重复读。

12.4 活锁和死锁

12.4.1 活锁

如果事务T_1封锁了数据R,事务T_2又请求封锁R,于是T_2等待;接着,事务T_3也请求封锁R,当T_1释放了R上的封锁之后,系统首先批准了T_3的请求,T_2仍然等待;然后T_4又请求封锁R,当T_3释放了R上的封锁之后系统又批准了T_4的请求……T_2有可能永远等待下去,这就是活锁。

避免活锁的简单方法是采用先来先服务的策略。当多个事务请求封锁同一数据对象时,封锁子系统按请求封锁的先后次序对事务排队,数据对象上的锁一旦释放就批准申请队列中第一个事务获得锁。

12.4.2　死锁

如果存在一个事务集，该集合中的每个事务在等待该集合中的另一个事务，那么说系统处于死锁状态。更确切地，存在一个等待事务集$\{T_0, T_1, T_2, \cdots, T_n\}$，事务$T_0$正在等待被$T_1$锁住的数据项，$T_1$正在等待被$T_2$锁住的数据项，……，并且$T_n$正等待被$T_0$锁住的数据项。

1.死锁预防

(1)一次封锁法。要求每个事务必须一次将所有要使用的数据全部加锁，否则就不能继续执行。

(2)顺序封锁法。顺序封锁法是预先对数据对象规定一个封锁顺序，所有事务都按这个顺序实行封锁。

2.死锁检测与恢复

如果数据库管理系统不采用死锁预防协议，那么系统必须采用死锁检测与恢复机制。诊断死锁的方法与操作系统类似，一般使用超时法或等待图法。

12.5　并发调度的可串行性

12.5.1　可串行化调度

多个事务的并发执行是正确的，当且仅当其结果与按某一次序串行地执行这些事务时的结果相同，称这种调度策略为可串行化调度。

可串行性是并发事务正确调度的准则。按这个准则规定，一个给定的并发调度，当且仅当它是可串行化的，才认为是正确调度。

12.5.2　冲突可串行化调度

冲突操作是指不同的事务对同一个数据的读写操作和写写操作：

$R_i(x)$与$W_j(x)$　　　/*事务T_i读x，T_j写x，其中$i \neq j$*/

$W_i(x)$与$W_j(x)$　　　/*事务T_i读x，T_j写x，其中$i \neq j$*/

其他操作是不冲突操作。

一个调度Sc在保证冲突操作的次序不变的情况下，通过交换两个事务不冲突操作的次序得到另一个调度Sc，如果Sc是串行的，称调度Sc为冲突可串行化的调度。

12.6　两段锁协议

两段锁协议：所有事务必须分两个阶段对数据项加锁和解锁。

·在对任何数据进行读、写操作之前,首先要申请并获得对该数据的封锁;

·在释放一个封锁之后,事务不再申请和获得任何其他封锁。

"两段"锁的含义:事务分为两个阶段,第一阶段是获得封锁,也称为扩展阶段,在这个阶段,事务可以申请获得任何数据项上的任何类型的锁,但是不能释放任何锁;第二阶段是释放封锁,也称为收缩阶段,在这个阶段,事务可以释放任何数据项上的任何类型的锁,但是不能再申请任何锁。

12.7 封锁的粒度

封锁对象的大小称为封锁粒度。封锁粒度与系统的并发度和并发控制的开销密切相关。

12.7.1 多粒度封锁

多粒度树的根结点是整个数据库,表示最大的数据粒度。叶结点表示最小的数据粒度。

多粒度封锁协议允许多粒度树中的每个结点被独立地加锁。对一个结点加锁意味着这个结点的所有后裔结点也被加以同样类型的锁。因此,在多粒度封锁中一个数据对象可能以两种方式封锁:显式封锁和隐式封锁。

12.7.2 意向锁

意向锁分为意向共享锁(Intent Share Lock,IS锁)、意向排他锁(Intent Exclusive Lock,IX锁)和共享意向排他锁(Share Intent Exclusive Lock,SIX锁)三种。

1.IS锁

对一个数据对象加IS锁,表示它的后裔结点拟(意向)加S锁。

2.IX锁

对一个数据对象加IX锁,表示它的后裔结点拟(意向)加X锁。

3.SIX锁

对一个数据对象加SIX锁,表示对它先加S锁,再加IX锁,即SIX=S+IX。

12.8 其他并发控制机制

并发控制的方法除了封锁技术外还有时间戳方法、乐观控制法和多版本并发控制等。

时间戳方法给每一个事务盖上一个时标,即事务开始执行的时间。每个事务具有唯一的时间戳,并按照这个时间戳来解决事务的冲突操作。如果发生冲突操作,就回滚具有较早时间戳的事务，以保证其他事务的正常执行，被回滚的事务被赋予新的时间戳并从头开始执行。

乐观控制法认为事务执行时很少发生冲突，因此不对事务进行特殊的管制，而是让它自由执行，事务提交前再进行正确性检查。如果检查后发现该事务执行中出现过冲突并影响了可串行性，则拒绝提交并回滚该事务。乐观控制法又被称为验证方法。

多版本并发控制（MultiVersion Concurrency Control，MVCC）是指在数据库中通过维护数据对象的多个版本信息来实现高效并发控制的一种策略。

12.9　自我检测

12.9.1　选择题

1. 多用户的数据库系统的目标之一是使它的每个用户好像面对着一个单用户的数据库，为此数据库系统必须进行______。

A. 安全性控制　　B. 完整性控制　　C. 并发控制　　D. 可靠性控制

2. 对并发操作若不加以控制，可能会带来______问题。

A. 不安全　　B. 死锁　　C. 死机　　D. 不一致

3. 设有两个事务 T_1、T_2，其并发操作如图 12.1 所示，下面评价正确的是______。

A. 该操作不存在问题　　B. 该操作丢失修改

C. 该操作不能重复读　　D. 该操作读“脏”数据

T_1	T_2
①　读A =10	
②	读A =10
③　A=A－5 写回	
④	A=A－8 写回

图 12.1

4. 设有两个事务 T_1、T_2，其并发操作如图 12.2 所示，下面评价正确的是______。

A. 该操作不存在问题　　B. 该操作丢失修改

C. 该操作不能重复读　　D. 该操作读“脏”数据

T_1	T_2
① 读A =10，B=5	
②	读A =10 A=A *2 写回
③ 读A=20，B=5 求和25验证错	

图 12.2

5. 设有两个事务 T_1、T_2，其并发操作如图 12.3 所示，下列评价正确的是______。

A 该操作不存在问题　　B. 该操作丢失修改

C. 该操作不能重复读　　D. 该操作读“脏”数据

	T_1	T_2
①	读A =100 A=A *2 写回	
②		读A =200
③	ROLLBACK 恢复A=100	

图 12.3

6.解决并发操作带来的数据不一致性总是普遍采用______。

A.封锁　　B.恢复　　C.存取控制　　D.协商

7.关于“死锁”,下列说法正确的是______。

A.死锁是操作系统中的问题,数据库操作中不存在

B.在数据库操作中防止死锁的方法是禁止两个用户同时操作数据库

C.当两个用户竞争相同资源时不会发生死锁

D.只有出现并发操作时,才有可能出现死锁

8.若事务T对数据R已加X锁,则其他事务对数据R______。

A.可以加S锁不能加X锁　　B.不能加S锁可以加X锁

C.可以加S锁也可以加X锁　　D.不能加任何锁

9.如果事务T对数据D已加S锁,则其他事务对数据D______。

A.可以加S锁,不能加X锁　　B.可以加S锁,也可以加X锁

C.不能加S锁,可以加X锁　　D.不能加任何锁

10.不允许任何其他事务对这个锁定目标再加任何类型的锁是______。

A.共享锁　　B.排他锁　　C.共享锁或排他锁　　D.以上都不是

11.数据库中的封锁机制是______的主要方法。

A.完整性　　B.安全性　　C.并发控制　　D.以上都不是

12.关于“死锁”,下列说法正确的是______。

A.死锁是操作系统中的问题,数据库操作中不存在恢复

B.在数据库操作中防止死锁的方法是禁止两个用户同时操作数据库

C.当两个用户竞争相同资源时不会发生死锁

D.只有出现并发操作时,才有可能出现死锁

13.对并发操作若不加以控制,可能会带来______问题。

A.不安全　　B.死锁　　C.死机　　D.不一致

14.数据库系统并发控制的主要方法是采用______机制。

A.拒绝　　B.改为串行　　C.封锁　　D.不加任何控制

15.若数据库中只包含成功事务提交的结果,则此数据库就称为处于______状态。

A.安全　　B.一致　　C.不安全　　D.不一致

16.并发操作会带来哪些数据不一致性:______。

A.丢失修改、不可重复读、“脏”读、死锁

B.不可重复读、“脏”读、死锁

C.丢失修改、“脏”读、死锁

D.丢失修改、不可重复读、“脏”读

17.“所有事务都是两段式”与“事务的并发调度是可串行化”两者之间关系是____。

A.同时成立与不成立　　B.没有必然的联系

C.前者蕴涵后者　　D.后者蕴涵前者

18.在第一个事务以S封锁方式读数据A时，第二个事务对数据A的读方式会遭到失败的是______。

A.实现X封锁的读　　B.实现S封锁的读

C.不加封锁的读　　D.实现共享型封锁的读

19.多用户数据库系统的目标之一是使它的每个用户好像正在使用一个单用户数据库，为此数据库系统必须进行______。

A.安全性控制　B.完整性控制　C.并发控制　D.可靠性控制

20.解决并发操作带来的数据不一致性问题普遍采用______。

A.封锁　B.恢复　C.存取控制　D.协商

21.二级封锁不能解决______问题。

A.不可重复读　B.可重复读　C.丢失修改　D.读“脏”数据

22.如果事务T获得了数据项Q上的排他锁，则T对Q______。

A.只能读不能写　　B.只能写不能读

C.既可读又可写　　D.不能读也不能写

23.在数据库技术中，“脏”数据是指______。

A.未回退的数据　　B.未提交的数据

C.回退的数据　　D.未提交随后又被撤销的数据

24.以下______封锁违反两段锁协议。

A.Slock A…Slock B…Xlock C……Unlock A…Unlock B…Unlock C

B.Slock A…Slock B…Xlock C……Unlock C…Unlock B…Unlock A

C.Slock A…Slock B…Xlock C……Unlock B…Unlock C…Unlock A

D.Slock A…Unlock A…Slock B…Xlock C……Unlock B…Unlock C

25.假设有如下事务，T_1:在检查点之前提交；T_2:在检查点之前开始执行，在检查点之后故障点之前提交；T_3:在检查点之前开始执行，在故障点时还未完成；T_4:在检查点之后开始执行，在故障点之前提交；T_5:在检查点之后开始执行，在故障点时还未完成。在利用具有检查点的恢复技术进行恢复时，______需要REDO。

A.T_1　B.T_2和T_4　C.T_3和T_5　D.T_5

26.假设有如下事务，T_1:在检查点之前提交；T_2:在检查点之前开始执行，在检查点之后故障点之前提交；T_3:在检查点之前开始执行，在故障点时还未完成；T_4:在检查点之后开始执行，在故障点之前提交；T_5：在检查点之后开始执行，在故障点时还未完成。在利用具有检查点的恢复技术进行恢复时，______需要UNDO。

A.T_1　　B.T_2和T_4　　C.T_3和T_5　　D.T_2

12.9.2　填空题

1.有两种基本类型的锁，它们是________和________。

2.并发控制是对用户的________加以控制和协调。

3.若事务T对数据对象A加了S锁，则其他事务只能对数据A再加________，不能加________，直到事务T释放A上的锁。

4.事务在修改数据R之前必须先对其加X锁，直到事务结束才释放，称为________协议。COMMIT表示事务________，ROLLBACK表示事务________结束。

5.在数据库系统封锁协议中，一级协议：事务在修改数据A前必须先对其加X锁，直到事务结束才释放X锁，该协议可以防止________；二级协议是在一级协议的基础上加上事务T在读数据R之前必须先对其加S锁，读完后即可释放S锁，该协议可以防止________；三级协议是在一级协议的基础上加上事务T在读数据R之前必须先对其加S锁，直到事务结束后才释放S锁，该协议可以防止________。

6.使某个事务永远处于等待状态，得不到执行的现象称为________，有两个或两个以上的事务处于等待状态，每个事务都在等待其中另一个事务解除封锁，它才能继续下去，结果任何一个事务都无法执行，这种现象称为________。

7.设有两个事务T_1、T_2，其并发操作如图12.4所示，存在________和________两点问题。

T_1	T_2
① 请求 SLOCK A 读A=18	
②	请求 SLOCK A 读A=18
③ A=A+10 写回A=28 COMMIT UNSLOCK A	
④	写回A=28 COMMIT UNSLOCK A

图12.4

8.若并发事务遵守三级封锁协议则必然遵守________。

9.若并发事务都遵守两段锁协议，则对这些事务的任何并发调度策略都是可串行化的________。

10.不同级别的封锁协议达到的系统一致性级别是________。

12.9.3 判断题

1.数据库操作中防止死锁的方法是禁止两个用户同时操作数据库。 ( )

2.在并行处理中,若干事物相互等待对方释放封锁,称为系统进入死锁状态。 ( )

3.用户竞争相同资源时不会发生死锁。 ( )

4.只有出现并发操作时,才有可能出现死锁。 ( )

5.对并发操作若不加以控制,可能会带来死锁问题。 ( )

6.采用封锁技术时与封锁协议无关。 ( )

7.若并发执行的所有事务均遵守两段锁协议,则对这些事务的任何并发调度策略都是可串行化的。 ( )

8.避免死锁的简单方法是采用先来先服务的策略。 ( )

9.在第一个事务以S锁方式读数据R时,第二个事务可以进行对数据R加S锁并写数据的操作。 ( )

10.要求事务在读取数据前先加共享锁,且直到该事务执行结束时才释放相应的锁,这种封锁协议是二级封锁协议。 ( )

12.9.4 简答题和综合题

1.请简述数据库系统中并发控制的重要性,以及并发控制的主要方法。

2.在数据库中为什么要有并发控制?

3.数据库的并发操作会带来哪些问题?如何解决?

4.叙述数据库中死锁产生的原因和解决死锁的方法。

5.为什么DML只提供解除S封锁的操作,而不提供解除X封锁的操作?

6.死锁的发生是坏事还是好事?试说明理由。如何解除死锁状态?

7.试叙述“串行调度”与“可串行化调度”的区别。

8.在数据库中为什么要并发控制?并发控制技术能保证事务的哪些特性?

9.并发操作可能会产生哪几类数据不一致?用什么方法可能避免各种不一致的情况?

10.什么是封锁?基本的封锁类型有几种?试述它们的含义。

第13章　数据库的发展及新技术

13.1　数据库系统发展的特点

1.数据模型的发展

数据库的发展集中表现在数据模型的发展上，从最初的层次模型、网状模型发展到关系模型，数据库技术产生了三次巨大的飞跃。

（1）面向对象数据模型。

将数据模型和面向对象程序设计方法结合起来，用面向对象的观点来描述现实世界。现实世界的任何事物都可以被建模为对象，而对象又是属性和方法的封装。

（2）XML数据模型。

随着互联网的迅速发展，Web上各种半结构化、非结构化数据源已经成为重要的信息来源。

XML数据模型没有严格的模式规定，它的结构不固定，模式由数据自描述。

2.数据库技术与相关技术相结合

随着数据库技术应用领域的不断扩展，数据库技术与其他计算机技术相结合，涌现出如下各种数据库系统。

•分布式数据库系统，由数据库技术与分布式处理技术相结合；

•并行数据库系统，由数据库技术与并行处理技术相结合；

•多媒体数据库系统，由数据库技术与多媒体技术相结合；

•移动数据库系统，由数据库技术与移动技术相结合；

•模糊数据库系统，由数据库技术与模糊技术相结合；

•Web数据库系统，由数据库技术与Web技术相结合。

3.数据库技术与应用领域相结合

数据库技术被应用到特定的领域中，出现了数据仓库、工程数据库、统计数据库、空间数据库等多种数据库。

除了以上三种途径外，还出现了内存数据库、以图形图像的方式形象地显示各种数据的数据可视化技术等。

13.2　数据管理技术发展的趋势

数据、应用需求和计算机软硬件技术是推动数据库技术发展的三个主要动力。随着电子商务、移动互联网、自媒体、物联网、无线网络、嵌入式等技术的发展，获取数据的方式的多样化、智能化，数据量呈现爆炸式增长。

13.3　面向对象数据库管理系统

13.3.1　面向对象数据库管理系统介绍

1.面向对象数据库的定义及相关概念

面向对象数据库系统至少满足以下两个基本要求：必须是一个面向对象的系统；必须是一个数据库系统。

面向对象数据库是使用面向对象数据模型表示实体及实体之间联系的模型，同样也分为数据结构、数据操作和完整性约束三个方面来描述。

（1）数据结构，面向对象数据模型的基本结构是对象和类。现实世界的任一实体都被统一地模型化为一个对象。

（2）数据操作，面向对象数据模型中，数据操作分为两个部分：一部分封装在类中，称为方法；另一部分是类之间相互沟通的操作，称为消息。

（3）完整性约束，面向对象数据模型中一般使用消息或方法表示完整性约束条件，它们称为完整性约束消息与完整性约束方法。

面向对象数据库包含的几个核心概念：对象、封装、类、继承、消息。

2.面向对象数据库子语言

1993年，对象数据库管理组（Object Data Management Group，ODMG）形成工业化的面向对象数据库标准ODMG93。

1997年，ODMG组织公布了第二个标准——ODMG97，内容涉及对象模型、对象定义语言、对象交换格式、对象查询语言，以及这些内容与C++、Smalltalk Java之间的衔接。

13.3.2　对象关系数据库管理系统介绍

1.对象关系数据库子语言

SQL-3标准包含以下五个部分内容。

（1）具有关系数据库系统SQL的基本功能。

（2）具有定义复杂数据类型和抽象数据类型的功能。

(3)具有数据间组合与继承的功能。

(4)具有函数定义和使用的功能。

(5)SQL-3以表为基本数据结构,它的定义形式和查询语言与传统的SQL类似。

2.OODBMS、ORDBMS、RDBMS的区别

RDBMS不支持用户自定义数据类型和面向对象的特征,而ORDBMS和OODBMS支持。ORDBMS支持SQL-3语言标准,而OODBMS支持ODMG97中的OQL和ODL。另外,ORDBMS和OODBMS面向对象的实现原理不同,ORDBMS是在RDBMS中增加新的数据类型和面向对象的特征;而OODBMS则是在程序设计语言中增加DBMS的功能。

13.4 分布式数据库

1.分布式数据库的定义

分布式数据库系统是物理上分散、逻辑上集中的数据库系统。它使用计算机网络将地理分散而管理和控制又需要不同程度集中的多个逻辑单位连接起来,共同组成一个统一的数据库系统。它是计算机网络与数据库系统的有机结合。

2.分布式数据库的特点

(1)物理分布性。

分布式数据库系统中的数据不存储在一个结点上,而是分散在由计算机网络连接起来的多个结点上,但这种分散对用户是透明的,用户感觉不到。

(2)逻辑整体性。

虽然这些数据物理分散在不同结点,但是逻辑上却是统一的,它们被所有用户共享,由一个分布式数据库管理系统统一管理。

(3)站点自治性。

各个站点的数据由本地的数据库管理系统所管理,完成本站点的局部应用。

(4)场地之间的协作性。

各个场地虽然具有较高度的自治性,但又相互协作构成一个整体,用户可以在任何一个场地执行全局应用。

3.分布式数据库分类

(1)同构同质型DDBS(分布式数据库系统):各个场地采用同一类型的数据模型(如都是关系型),并且是同一型号的DBMS。

(2)同构异质型DDBS:各个场地采用同一类型的数据模型,但是DBMS的型号不同。

(3)异构型DDBS:各个场地的数据模型不一样,DBMS的型号也不同。

13.5　并行数据库

1. 并行数据库的定义及相关概念

并行数据库是并行技术与数据库技术相结合的产物，也是当今社会研究的热点数据库技术之一。

并行数据库可以充分发挥多处理机结构的优势，将数据分布存储在多个磁盘上，并且利用多个处理机对磁盘数据进行并行处理，以提高速度。

2. 并行数据库的体系结构

并行数据库系统的基本思想是通过并行执行来提高性能。其体系结构主要分为全共享结构、无共享结构、共享磁盘结构三类。

13.6　空间数据库

1. 空间数据库的定义与应用领域

空间数据库是以描述空间位置和点、线、面、体特征的位置数据（空间数据）以及描述这些特征的属性数据（非空间数据）为对象的数据库，其数据模型和查询语言能支持空间数据类型和空间索引，并且提供空间查询和其他空间分析方法。

主要应用领域包括如下。

（1）地理信息系统（GIS）。

（2）计算机辅助设计和制造系统。

2. 空间数据的分类

根据空间数据的特征，可以把空间数据分为三类。

（1）属性数据：描述空间数据的属性特征的数据，也称为非几何数据，如类型、等级、名称、状态等。

（2）几何数据：描述空间数据的空间特征的数据，也称为位置数据、定位数据，如用*X*、*Y*坐标来表示。

（3）关系数据：描述空间数据之间的空间关系的数据，如空间数据的相邻、包含和相交等，主要指拓扑关系。拓扑关系是一种对空间关系进行明确定义的数学方法。

3. 空间查询语言的分类

空间查询语言大体分为：（1）基于SQL扩展的空间查询语言；（2）可视化查询语言；（3）自然查询语言三种方法。一般采用第一类语言描述空间数据查询。

13.7　数据仓库与数据挖掘

1.数据仓库的定义及相关概念

W.H.Inmon提出数据仓库是一个面向主题的、集成的、时变的、非易失的数据集合，支持管理决策制定。

2.数据仓库的体系结构

数据仓库通常采用四层结构，它由ETL工具(数据提取、清洗、转换、装入、刷新)、数据仓库服务器、联机分析处理(OLAP)服务器、前端工具组成。

3.数据仓库的设计方法

数据仓库的设计方法和数据库的设计方法类似，大体上分为以下六个步骤：需求分析、概念模型设计、逻辑模型设计、物理模型设计、数据仓库实施、数据仓库的使用和维护。

4.联机分析处理

联机分析处理是以海量数据为基础，基于数据仓库的信息分析处理过程。

5.数据挖掘的定义

数据挖掘是从大量数据中发现并提取隐藏在内的、人们事先不知道的，但又可能有用的信息和知识的过程。数据挖掘的数据主要有两种来源，既可以来自数据仓库，也可以来自数据库。

6.数据挖掘的任务

数据挖掘的主要任务主要包括聚类分析、预测建模、关联分信息和异常检测。

7.大数据上的数据挖掘

目前，大数据时代对数据挖掘又提出了新的机遇和挑战。数据量的剧增给数据挖掘提供数据基础的同时，如何存储、管理、快速分析及挖掘这些大数据又成了新的问题，数据类型的多样化及复杂化给数据挖掘提出新的难题。

13.8　大　数　据

1.大数据概述

2008年，*Science*推出了“大数据”专刊，通过多篇文章全方位介绍了大数据问题的产生及对各个研究领域的影响，首次将“大数据”这一概念引入科学家和研究人员的视野。

2.大数据的定义

大数据是指其大小或复杂性无法通过现有常用的软件工具以合理的成本并在可接受的时限内对其进行获取、管理和处理的数据集。大数据通常被认为是PB

(10^3TB),EB(10^6TB)或更高数量级的数据,包括结构化的、半结构化的和非结构化的数据。

大数据应该包含四个V特征:第一个V(Volume):大规模;第二个V(Velocity):高速度;第三个V(Variety):多样化;第四个V(Value):价值。

也正是因为大数据有以上特征,所以给我们现存的数据存储、数据处理、数据管理,数据分析技术提出了挑战和新的课题。

3.NoSQL

NoSQL有两种解释:一种是非关系数据库;一种是Not Only SQL,不仅仅是SQL。

4.NewSQL

NewSQL是对各种新的可扩展、高性能的SQL数据库的简称,它把关系模型的优势发挥到分布式体系结构中。

13.9　自我检测

13.9.1　选择题

1.封装是一种技术,它使对象的使用者只能看到对象封装界面上的______信息。

A.面向对象　　B.信息隐藏　　C.数据库　　D.对象关系数据库

2.OODBS的含义是______。

A.面向对象的数据库系统　　B.数据库管理系统

C.对象关系数据库系统　　D.面向对象数据库

3.在OODBS中,对象可以定义为对一组信息及其______的描述。

A.操作　　B.存取　　C.传输　　D.继承

4.分布式数据库系统的分布透明性包括:分片透明性、______。

A.位置透明性和物理透明性　　B.逻辑透明性和数据模型透明性

C.逻辑透明性和物理透明性　　D.位置透明性和数据模型透明性

5.在分布式数据库系统中,分布透明性可以归入的数据独立性范围是______。

A.物理独立性　　B.逻辑独立性　　C.模式独立性　　D.操作独立性

6.C/S结构的主要特征是______。

A.处理的分布　　B.数据的分布　　C.功能的分布　　D.DBMS的分布

7.OLAP的核心是______。

A.对用户的快速响应　　B.互操作

C.多维数据分析　　D.以上都不是

8.以下关于OLAP的叙述错误的是______。

A.一个多维数组可以表示为(维1,维2,…,维n)

B.维的一个取值称为该维的一个维成员

C.OLAP是联机分析处理

D.OLAP是以数据仓库进行分析决策的基础

9.在数据库技术中,面向对象数据模型是一种______。

A.概念模型　　B.结构模型　　C.物理模型　　D.形象模型

10.下列不属于大数据的特征的是______。

A.Volume　　B.Velocity　　C.Variety　　D.Big

13.9.2　填空题

1.继承性是数据之间的泛化/细化联系,是一种__________联系,而对象包含是一种__________联系。

2.数据分片的方式主要有____________。

3.分布透明性应包括__________、__________和__________。

4.数据仓库是__________、__________、__________、__________支持管理的决策过程。

5.数据挖掘是从大量数据中发现并提取__________、__________的知识。

13.9.3　判断题

1.超类和子类之间关系体现了is-a的语义。　(　　)

2.一个类的属性不能是另一个类对象。　(　　)

3.在分布透明性中,位置透明性是最高层次的。　(　　)

4.关系OLAP将分析用的多维数据存储在关系数据库中。　(　　)

5.大数据是指其大小或复杂性无法通过现有常用的软件工具以合理的成本并在可接受的时限内对其进行获取、管理和处理的数据集。　(　　)

13.9.4　简答题和综合题

1.随着计算机应用领域的扩大,关系数据库不能适应哪些应用需要?

2.试叙述分布式DBMS的功能及组成。

3.简述数据仓库和数据集市的定义及两者的主要差别。

4.OLAP与OLTP的主要区别是什么?各自应用于哪些领域?

5.数据挖掘的任务是什么?

参考答案

第1章 绪　论

1.5.1 选择题

1.A　2.D　3.B　4.B　5.C　6.B　7.A　8.B　9.B　10.D

11.A　12.A　13.B　14.D　15.A　16.B　17.D　18.C　19.D　20.B

21.C　22.D　23.A　24.D　25.C　26.B　27.B　28.C　29.A　30.D

1.5.2 填空题

1.人工管理　文件系统管理　数据库管理系统

2.硬件系统　数据库集合　数据库管理系统及相关软件　数据库管理员　用户

3.组织　共享

4.数据库管理系统　用户　操作系统

5.逻辑数据独立性　物理数据独立性

6.数据结构　数据操作　完整性约束

7.层次模型　网状模型　关系模型

8.用户数据库　概念数据库　物理数据库

9.现实世界　信息世界　计算机世界(或数据世界)

10.模式　外模式　内模式

1.5.3 判断题

1.√　2.×　3.×　4.√　5.×

6.×　7.√　8.×　9.×　10.×

1.5.4 简答题和综合题

1.数据库是长期储存在计算机内、有组织的、可共享的大量数据的集合。数据库中的数据按一定的数据模型组织、描述和储存,具有较小的冗余度、较高的数据独立性和易扩展性,并可为各种用户共享。

2.数据库管理系统是位于用户与操作系统之间的一层数据管理软件,用于科学地组织和存储数据、高效地获取和维护数据。

3.层次模型:以一个倒立的树结构表示各对象及对象间的联系。特点:每个子结点只有一个双亲结点,而且只有根结点没有双亲结点;查询任何一个给定的记录时,只有按其路径查看,才能显示出它的全部含义,没有一个子记录可以脱离双亲记录而存在;层次数据库系统只能处理一对多的联系。

网状模型:一种比层次模型更具普遍性的模型,即用图结构表示对象以及对象之间的联系。特点:允许一个以上的结点无双亲结点;一个结点可以有多于一个的双亲结点。

4.层次模型:用树结构来表示实体和实体之间联系的模型叫作层次模型。网状模型:用图结构来表示实体和实体之间联系的模型叫作网状模型。关系模型:用二维表格来表示实体和实体之间联系的模型叫作关系模型。

5.层次模型的优点:层次模型的数据结构比较简单;层次数据库的查询效率高;层次模型提供了良好的完整性支持。缺点:现实世界中有很多非层次的联系;查询子女结点必须通过双亲结点;对插入和删除操作的限制比较多。

网状模型的优点:能更直接地描述现实世界;具有良好的性能,存取效率较高。缺点:数据结构复杂,实现起来比较困难。

关系模型的优点:关系数据模型简单,数据表示方法简单、清晰,容易在计算机上实现;唯一有数学理论作基础的模型,定义及操作有严格的数学理论基础;存取路径对用户透明,因而具有更强的独立性。缺点:由于存取路径对用户透明,查询效率不如格式化模型。

6.数据库系统的三级模式结构由外模式、模式和内模式组成。外模式,亦称子模式或用户模式,是数据库用户(包括应用程序员和最终用户)能够看见和使用的局部数据的逻辑结构和特征的描述,是数据库用户的数据视图,是与某一应用有关的数据的逻辑表示。模式,亦称逻辑模式,是数据库中全体数据的逻辑结构和特征的描述,是所有用户的公共数据视图。模式描述的是数据的全局逻辑结构。外模式涉及的是数据的局部逻辑结构,通常是模式的子集。内模式,亦称存储模式,是数据在数据库系统内部的表示,即对数据的物理结构和存储方式的描述。

7.数据模型是用来表示信息世界中的实体及其联系在数据世界中的抽象描述,它描述的是数据的逻辑结构。模式的主体就是数据库的数据模型。数据模型与模式都属于型的范畴。所谓型,是指只包含属性的名称,不包含属性的值,而所谓值,是型的具体实例值,即赋了值的型。

8.数据库管理员的职责:决定数据库中的信息内容和结构;决定数据库的存储结构和存取策略;定义数据的安全性要求和完整性约束条件;监控数据库的使用和运行。

第2章 关系数据库

2.5.1 选择题

1.D 2.C 3.A 4.D 5.D 6.A 7.C 8.D 9.A 10.C
11.B 12.B 13.D 14.C 15.B 16.B 17.A 18.B 19.C 20.D
21.C 22.B 23.C 24.B 25.B 26.B 27.D 28.C

2.5.2 填空题

1.集合
2.关系名(属性名1,属性名2,…,属性名n)
3.属性名
4.能唯一标识实体的属性或属性组
5.关系代数 关系演算
6.实体完整性规则 参照完整性规则 用户定义的完整性规则
7.笛卡尔积 选择
8.交
9.系编号 无 学号 系编号
10.谓词 元组关系 域关系

2.5.3 判断题

1.√ 2.√ 3.× 4.× 5.√
6.× 7.√ 8.√ 9.× 10.√

2.5.4 简答题和综合题

1.等值连接表示为$R \bowtie S_{A=B}$,自然连接表示为$R \bowtie S$。自然连接是除去重复属性的等值连接。两者之间的区别和联系:自然连接一定是等值连接,但等值连接不一定是自然连接;等值连接要求相等的分量,不一定是公共属性,而自然连接要求相等的分量必须是公共属性。等值连接不把重复的属性除去,而自然连接要把重复的属性除去。

2.假如有下表所示的两个关系表,在课程表中,学号是主码,课程号是外码,在成绩表中课程号是主码。根据关系参照完整性的定义,R是课程表,S是成绩表,即成绩表中课程号的值为空或者在课程表中的课程号中能够找到。假设成绩表中课程号为K20,则找不到课程表中的课程号,则该课程号显然是错误的,造成数据不一致。

R 课程表

学号	姓名	课程号
101	刘军	K5
212	王丽	K8
221	章华	K9

S 成绩表

成绩	课程号	课程名
80	K5	高等数学
76	K8	C语言
92	K9	计算机网络

3. 由于关系定义为元组的集合,而集合中的元素是没有顺序的,因而关系中的元组也就没有先后顺序。

4. 与表格、文件相比,关系有以下不同点:在数据库范围内,关系的每一个属性值是不可分解析的;关系中不允许出现重复元组;由于关系是一个集合,因此不考虑元组的顺序。

5. 笛卡尔积是一个基本操作,而等值连接和自然连接是组合操作。

6. 修改:先做选择、投影操作,再修改相关数据。插入:先在同结构表中填入数据,再求并集。删除:先做选择得到新表,再求差。

7.

$R-S$

A	*B*	*C*
a	*b*	*c*
c	*b*	*d*

$R\cap S$

A	*B*	*C*
b	*a*	*f*

$R\cup S$

A	*B*	*C*
a	*b*	*c*
b	*a*	*f*
c	*b*	*d*
d	*a*	*d*

$R\times S$

A	*B*	*C*	*A*	*B*	*C*
a	*b*	*c*	*b*	*a*	*f*
a	*b*	*c*	*d*	*a*	*d*
b	*a*	*f*	*b*	*a*	*f*
b	*a*	*f*	*d*	*a*	*d*
c	*b*	*d*	*b*	*a*	*f*
c	*b*	*d*	*d*	*a*	*d*

8.

$R_1=R-S$

A	*B*	*C*
a_1	b_1	c_1

$R_3=R\cap S$

A	*B*	*C*
a_1	b_2	c_2
a_2	b_2	c_1

$R_2=R\cup S$

A	*B*	*C*
a_1	b_1	c_1
a_1	b_2	c_2
a_2	b_2	c_1

$R_4=\Pi_{A,B}(\sigma_{B='b_1'}(R))$

A	*B*
a_1	b_1

9.

(1) $\Pi_{C\#,CNAME}(\sigma_{TEACHER='陈华'}(C))$

(2) $\Pi_{S\#,CNAME}(\sigma_{AGE>21\wedge SEX='男'}(S))$

(3) $\Pi_{SNAME}(S\bowtie(\Pi_{S\#,C\#}(SC)\div\Pi_{C\#}(\sigma_{TEACHER='陈华'}(C))))$

或 $\Pi_{SNAME}((SC\div\Pi_{CNO(\sigma\ TEACHER='陈华'}(C)))\bowtie S)$

(4)$\Pi_{C\#}(C)-\Pi_{C\#}(\sigma_{NAME='李明'}(S)\bowtie SC)$

(5)$\Pi_{S\#}(\sigma_{[1]=[4]\wedge[2]\neq[s]}(SC\times SC))$

(6)$\Pi_{C\#,CNAME}(C\bowtie(\Pi_{S\#,C\#}(SC)\div\Pi_{S\#}(S)))$

或 $\prod_{CNO,CNAME}((\prod_{CNO,SNO}(SC)\div\prod_{SNO}(S))\bowtie C)$

(7)$\Pi_{S\#}(SC\bowtie\Pi_{C\#}(\sigma_{TEACHER='陈华'}(C)))$

(8)$\prod_{CNO,SNO}(SC)\div\prod_{CNO}(\sigma_{CNO='C1'\wedge CNO='C5'}(C))$

(9)$\prod_{SNAME}(\prod_{CNO,SNO}(SC)\div\prod_{CNO}(C))\bowtie S)$

(10)$\prod_{SNO,SNAME}(\sigma_{CNAME='C语言'}(C)\bowtie SC\bowtie S)$

第3章 关系数据库标准语言SQL

3.7.1 选择题

1.B 2.C 3.B 4.B 5.C 6.C 7.C 8.C 9.B 10.D
11.D 12.C 13.D 14.B 15.A 16.D 17.B 18.D 19.C 20.C
21.B 22.C 23.B 24.A 25.D 26.B 27.B 28.A 29.A 30.A

3.7.2 填空题

1.结构化查询语言
2.定义数据库　定义基本表　定义视图　定义索引
3.一个或几个基本表　定义　视图对应的数据
4.(1)SELECT * FROM R UNION SELECT * FROM T;
(2)SELECT * FROM R WHEPE WORK_NO='100';
(3)SELECT NAME, SEX FROM R;
(4)SELECT NAME, WORK_NO FROM R WHEPE SEX='女';
(5)SELECT R.NO, R.NAME, R.SEX, R.WORK_NO, S.DWM FROM R, S
WHERE R.WORK_NO=S.WORK_NO;
(6) SELECT R. NAME, R. SEX, S. DWM FPOM R, S WHEPE R. WORK_NO=S. WORK_NO AND R.SEX='男';
5.(1)INSERT INTO R VALUES (25,'李丽','女',21,'21031');
(2)INSERT INTO R (NO,NAME,CLASS) VALUES (30,'郑和','21031');
(3)UPDATE R SET NAME='王华' WHERE NO=10;
(4)UPDATE R SET CLASS='21091' WHERE CLASS='21101';
(5)DELETE FROM R WHERE NO=20;
(6)DELETE FROM R WHERE NAME LIKE '王%';
6.NOT NULL　UNIQUE　CHECK
7.拒绝执行　级联删除　设置为空
8.综合统一　高度非过程化　面向集合的操作方式　以同一种语法结构提供多种使用方式　语言简洁,易学易用
9.视图能够简化用户的操作　视图使用户能从多种角度看待同一数据　视图对重构数据库提供了一定程度的逻辑独立性　视图能够对机密数据提供安全保护　适当利用视图可以更清晰地表达查询
10.唯一索引

3.7.3 判断题

1.√ 2.√ 3.× 4.× 5.√
6.× 7.√ 8.√ 9.× 10.×

3.7.4 简答题和综合题

1. 视图是从基本表或其他视图中导出的表，它本身不独立存储在数据库中。存储文件的物理结构及存储方式等组成了关系数据库的内模式。视图和基本表是SQL语言的主要操作对象，用户可以用SQL语言对视图和基本表进行各种操作。

2.SQL语言实现其他关系运算对应的语句格式：

$R \cup S$ SELECT语句(生成R)
UNION
SELECT语句(生成S)

选择 SELECT *
FROM<表>
WHERE<指定选择的条件>

投影 SELECT<投影字段列表>
FROM<表>

连接 SELECT<连接的字段列表>
FROM<连接的两个表名>
WHERE<连接条件>

3.(1)SELECT * FROM SC
WHERE CNO='C1';

(2)SELECT CNO,CNAME FROM C;

(3)SELECT C.CNO, C.CNAME, C.PCNO,SC.SNO, SC.GRADE FROM C, SC
WHERE C.CNO=SC.CNO;

(4)SELECT first.CNO,second.PCNO
FROM C first,C second
WHERE first.PCNO=second.CNO;

4.(1)SELECT A#, ANAME FROM A;
WHERE WQTY<=100 OR CITY='长沙';

(2)SELECT A. ANAME FROM A,B,AB;
WHERE A. A# =AB. A# AND B. B# =AB. B# AND B. BNAME='书包';

(3)MSELECT A. ANAME, A. CITY FROM A,B;
WHERE A. A# =AB. A# AND AB. B# IN(SELECT AB. B# FROM AB

WHERE A # ='256');

5.(1)CREACT INDEX ITS ON TS(BNO);

(2)SELECT PUB,COUNT(BNO)

FROM TS

GROUP BY PUB;

(3)DROP INDEX ITS;

6.(1)CREATE SQL VIEW R-S-T

AS SELECT R.A, B,C,S.D,E, F

FROM R,S,T

WHERE R.A=S.A AND S.D=T.D;

(2)SELECT AVG(C), AVG(E)

FROM R-S-T

GROUP BY A;

7.(1)SELECT B

FROM R,S

WHERE R.A=S.A AND C>50;

(2)UPDATE R

SET B='b4'

WHERE A IN

SELECT A(

FROM S

WHERE C=40);

8.视图H如下所示

A	B	C	D	E
a_1	b_1	c_1	d_1	e_1
a_2	b_2	c_2	d_2	e_2
a_3	b_3	c_2	d_2	e_2

对视图H的查询结果为

B	D	E
b_2	d_2	e_2
b_3	d_2	e_2

9.解析:(1)SELECT DISTINCT PROV

FROM S

WHERE SD='信息系'

(2)SELECT SN,GR

```
FROM S,SC
WHERE SD='英语系' AND CN='计算机'AND S. SNO=SC. SNO
ORDER BY GR DESC;
```

10.（1）CREAST TABLE Student (

```
Sno CHAR (9) PRIMARY KEY,
Sname CHAR (20) UNIQUE,
Ssex CHAR (2),
Sage SMALLINT,
Sdept CHAR (20)
);
```

（2）CREATE TABLE Course (

```
Cno CHAR (4) PRIMARY KEY,
Cname CHAR (40) NOT NULL,
Cpno CHAR (4),
Ccredit SMALLINT,
FOREIGN KEY (Cpno) REFERENCES Course (Cno)
);
```

（3）CREATE TABLES SC (

```
Sno CHAR (9),
Cno CHAR (4),
Grade SMALLINT,
PRIMARY KEY (Sno, Cno),
FOREIGN KEY (Sno) REFERENCES Student (Sno),
FOREIGN KEY (Sno) REFERENCES Course (Cno)
);
```

（4）ALTER TABLE Studnet ADD S_Entrance DATE;

（5）DROP TABLE Student CASCADE;

（6）SELECT Sno,Sname FROM Student;

（7）SELECT Sname,Sno,Sdept FROM Student;

（8）SELECT * FROM Student;

或 SELECT Sno,Sname,Ssex,Sage,Sdept,S_Entrance DATE FROM Student;

（9）SELECT Sname,2023-Sage FROM Student;

（10）SELECT Student.Sno FROM Student LEFT Outer join SC on(SC.Sno=Student.Sno) WHERE SC.Cno='2' and SC.Cno='4';

（11）SELECT Sno FROM SC;

(12)SELECT * FROM Student WHERE Sdept='CS';

(13)SELECT Sname, Sage FROM Student WHERE Sage < 20;

(14)SELECT Sno FROM SC WHERE Grade < 60;

(15)SELECT Sname, Sdept, Sage FROM Student WHERE Sage BETWEEN 20 AND 23;

(16)SELECT Sname, Sdept, Sage FROM Student WHERE Sage NOT BETWEEN 20 AND 23;

(17)SELECT Sname,Ssex FROM Student WHERE Sdept IN ('CS', 'MA', 'IS');

(18)SELECT Sname,Ssex FROM Student WHERE Sdept NOT IN ('CS', 'MA', 'IS');

(19)SELECT * FROM Student WHERE Sno LIKE'202115121';

或 SELECT *FROM Student WHERE Sno='202115121';

(20)SELECT Sname,Sno,Ssex FROM Student WHERE Sname LIKE '刘%';

(21)SELECT Sname FROM Student WHERE Sname LIKE '欧阳_';

(22)SELECT Sname, Sno FROM Student WHERE Sname LIKE '_阳%';

(23)SELECT Sname,Sno,Ssex FROM Student WHERE Sname NOT LIKE '刘%';

(24) SELECT Cno, Ccredit FROM Course WHERE Cname LIKE 'DB_Design' ESCAPE '\';

(25)SELECT * FROM CourseWHERE Cname LIKE 'DB_%i_' ESCAPE '\';

(26)SELECT Sno,Cno FROM SC WHERE Grade IS NULL;

(27)SELECT Sno,Cno FROM SC WHERE Grade IS NOT NULL;

(28)SELECT SnameFROM StudentWHERE Sdept='CS' AND Sage<20;

(29)SELECT Sname, Ssex FROM Student WHERE Sdept='CS' OR Sdept='MA' OR Sdept= 'IS';

(30)SELECT Sno, Grade FROM SC WHERE Cno='3' ORDER BY Grade DESC;

(31)SELECT * FROM Student ORDER BY Sdept, Sage DESC;

(32)SELECT COUNT(*) FROM SC;

(33)SELECT COUNT(DISTINCT Sno)FROMS C;

(34)SELECT AVG(Grade) FROM SC WHERE Cno='1';

(35)SELECT MAX(Grade) FROM SC WHERE Cno='1';

(36)SELECT SUM (Ccredit) FROM SC, Course WHERE Sno='202112012' AND SC.Cno= Course.Cno;

(37)SELECT Cno, COUNT(Sno) FROM SC GROUP BY Cno;

(38)SELECT Sno FROM SC GROUP BY Sno HAVING COUNT(*)>3;

(39) SELECT Sno, AVG(Grade) FROM SC WHERE AVG(Grade)>=90 GROUP BY Sno;

(40)SELECT Student.*, SC.* FROM Student, SC WHERE Student.Sno=SC.Sno;

(41)SELECT Student.Sno, Sname FROM Student, SC WHERE Student.Sno=SC.Sno
AND SC.Cno='2' AND SC.Grade > 90;

(42)SELECT Student.Sno,Sname,Cname,Grade FROM Student,SC,Course
WHERE Student.Sno=SC.Sno AND SC.Cno=Course.Cno;

(43) SELECT Sno, Sname, Sdept FROM Student WHERE Sdept IN (SELECT Sdept FROM Student WHERE Sname = '刘敏');

(44)SELECT Student.Sno,Sname FROM Student,SC,Course WHERE Student.Sno = SC.Sno AND SC.Cno = Course.Cno AND Course.Cname = '信息系统';

(45)SELECT Sno,Sname,Sdept FROM Student WHERE Sdept=(
SELECT Sdept FROM Student WHERE Sname='刘敏');

(46)SELECT Sname,Sage FROM Student WHERE Sage < ANY (
SELECT Sage FROM Student WHERE Sdept='CS') AND Sdept <> 'CS';

(47)SELECT Sname,Sage FROM Student WHERE Sage < ALL (
SELECT Sage FROM Student WHERE Sdept='CS') AND Sdept <> 'CS';
或 SELECT Sname,Sage FROM Student WHERE Sage < (
SELECT M IN(Sage) FROM Student WHERE Sdept= 'CS') AND Sdept <> 'CS';

(48)SELECT Sname FROM Student WHERE EXISTS (
SELECT * FROM SC WHERE Sno = Student.Sno AND Cno='1');

(49)SELECT Sname FROM Student WHERE NOT EXISTS (
SELECT * FROM SC WHERE Sno = Student.Sno AND Cno='1');

(50)SELECT Sno,Sage FROM IS_Student WHERE Sage < 20;

(51)SELECT Sname FROM Student WHERE NOT EXISTS (
SELECT * FROM Course WHERE NOT EXISTS (
SELECT * FROM SC WHERE Sno = Student.Sno AND CNO =Course.Cno));

(52)SELECT DIST INCT(Sno) FROM SC SCX WHERE NOT EXISTS (
SELECT * FROM SC SCY WHERE SCY.Sno= '201215122' AND NOT EXISTS (
SELECT * FROM SC SCZ WHERE SCZ.Sno=SCX.Sno AND SCZ.Cno=SCY.Cno));

(53)SELECT * FROM Student WHERE Sdept = 'CS'
UNION
SELECT * FROM Student WHERE Sage <=19;

(54)SELECT Sno FROM SC WHERE Cno='1' UNION
SELECT Sno FROM SC WHERE Cno='2';

(55)SELECT * FROM Student WHERE Sdept='CS' INTERSECT
SELECT * FROM Student WHERE Sage<=19;

(56)SELECT Sno FROM Cno='1'

UNION

SELECT Sno FROM SC WHERE Cno='2';

(57)SELECT * FROM Student WHERE Sdept='CS'

EXCEPT

SELECT * FROM Student WHERE Sage <=19;

(58)SELECT Sno,Sname,count(Cno),sum(Ccredit) FROM(

SELECT Student. Sno, Sname, Course. Cno, Course. Ccredit from Studnt, SC, Course WHERE Student.Sno=SC.Sno and Course.Cno=SC.Cno) as SC1 group by Sno having sum (Ccredit)>6;

(59)INSERT INTO Student (Sno, Sname, Ssex, Sdept, Sage) VALUES ('201215128', '陈冬','男', 'IS', 18);

(60)INSERT INTO SCVALUES('201215128', '1', NULL);

(61)INSERT INTO Student (Sno, Sname, Ssex, Sdept, Sage)

VALUES('202115126', '张成民', '男', 'CS', 18);

(62)SELECT TABLEDept_age (Sdept CHAR (15) Avg_age SMALL INT);

INSERT INTO Dept_age (Sdept, Avg_age)

SELECT Sdept,AVG(Sage) FROM Student GROUP BY Sdept;

(63)UPDATE Student SET Sage=22 WHERE Sno='202115121';

(64)UPDATE Student SET Sage=Sage + 1;

(65)UPDATE SC SET Grade =0 WHERE Sno IN (

SELECT Sno FROM Student WHERE Sdept='CS');

(66)DELETE FROM Student WHERE Sno='202115128';

(67)DELETE FROM SC;

(68)DELETE FROM SC WHERE Sno IN (

SELECT Sno FROM Student WHERE Sdept = 'CS');

(69)INSERT INTO SC (Sno, Cno, Grade)

VALUES('202115126', '1', NUL);

或 INSERT INTO SC (Sno, Cno)

VALUES('202115126', '1');

(70)UPDATE Student SET Sdept = NULL WHERE Sno='202115200';

(71)SELECT * FROM Student WHERE Sname IS NULLOR Ssex IS NULLOR Sage IS NULLOR Sdept IS NULL;

(72)SELECT Sno FROM SC WHERE Grade<60 AND Cno='1';

(73)SELECT Sno FROM SC WHERE Grade<60 AND Cno='1' UNION

SELECT Sno FORM SC WHERE Grade IS NULL AND Cno ='1';

或 SELECT Sno FROM SC WHERE Cno='1' AND (Grade < 60 OR Grade IS NULL);

(74)CREATE VIEW IS_Studnet AS

SELECT Sno,Sname,Sage FROM Student WHERE Sdept='IS';

(75)CREATE VIEW IS_Student

AS

SELECT Sno, Sname, Sage FROM Student WHERE Sdept= 'IS' WITH CHECK OPTION;

(76)CREATE VIEW IS_S1 (Sno, Sname, Grade)

AS

SELECT Student.Sno,Sname,Grade FROM Student,SC WHERE Sdept ='IS' AND Student.Sno = SC.Sno AND SC.Cno ='1';

(77)CREATE VIEW IS_S2

AS

SELECT Sno,Sname,Grade FROM IS_S1 WHERE Grade >=90;

(78)CREATE VIEW BT_S (Sno, Sname, Sbirth)

AS

SELECT Sno,Sname,2023—Sage FROM Student;

(79)CREATE VIEW S_G (Sno, Gavg)。

AS

SELECT Sno,AVG(Grade) FROM SCGROUP BY Sno;

(80)CREATE VIEW F_Student (F_no, name, sex, age, dept)

AS

SELECT * FROM Student WHERE Ssex ='女';

第4章　关系查询处理和查询优化

4.5.1　选择题

1.B　2.A　3.C　4.A　5.C　6.D　7.B　8.C　9.A　10.A

4.5.2　填空题

1.干什么　怎么干

2.笛卡尔积　连接

3.$(\sigma_{F_1}(\sigma_{F_2}(\cdots\sigma_{F_n}(E))\cdots))$

4.CPU　I/O

5.选取有效的存取路径　求得给定关系代数表达式的值

4.5.3　判断题

1.×　2.√　3.×　4.×　5.×

4.5.4　简答题与综合题

1.操作中,笛卡尔积和连接操作最费时。如果直接按表达式书写的顺序执行,必将花费很多时间,并生成大量的中间结果,效率较低。如果在执行前,由DBMS的查询子系统先对关系代数表达式进行优化,尽可能先执行选择和投影操作,则进行笛卡尔积或连接时可以减少中间结果,并节省时间。

2.启发式优化规则:尽可能早地执行选择运算,尽可能早地执行投影运算,把笛卡尔积与附近的一连串选择和投影合并起来做。

作用:可以使计算时尽可能减少中间关系的数据量。

3.查询优化的一种途径是对查询优化语句进行变换,例如改变基本运算的次序,使查询语句执行起来更有效。这种查询优化方法仅涉及查询语句本身,而不涉及存取路径,称为独立于存取路径的优化,或代数优化。另一种途径是根据系统所提供的存取路径,选择合理的存取策略,这称为依赖于存取路径的优化,或物理优化。

4.(1)最小关系系统:仅支持关系数据结构和三种关系操作的关系系统。

(2)关系完备系统:支持关系数据结构和所有的关系代数操作的关系系统。

(3)全关系型系统:支持关系模型的所有特征的关系系统。

第5章　实体-联系建模

5.7.1　选择题

1.D　2.D　3.A　4.B　5.D　6.D　7.B　8.B　9.A　10.A

5.7.2　填空题

1.概念设计
2.概念
3.1:1　1:m　m:n
4.椭圆形
5.实体-联系图

5.7.3　判断题

1.×　2.√　3.×　4.×　5.×

5.7.4　简答题与综合题

1.(1)DML:数据操纵语言
(2)DBMS:数据库管理系统
(3)DDL:数据描述语言
(4)DBS:数据库系统
(5)SQL:结构化查询语言
(6)DB:数据库
(7)DD:数据字典
(8)DBA:数据库管理员
(9)SDDL:子模式数据描述语言
(10)PDDL:物理数据描述语言
2.(1)找出所有实体。
(2)找出每个实体的属性。
(3)找出所有的二元联系及联系上的属性。
(4)找出多元联系及联系上的属性。
(5)找出弱实体。
(6)找出父类与子类。
(7)找出聚集。

3. 采用E-R方法进行数据库概念设计，可以分成三步进行：首先设计局部E-R模型，其次把各局部E-R模型综合成一个全局的E-R模型，最后对全局E-R模型进行优化，得到最终的E-R模型。

4. 概念结构的主要特点：

(1)能真实、充分地反映现实世界，包括事物和事物之间的联系，能满足用户对数据的处理要求，是对现实世界的一个真实模型；

(2)易于理解，从而可以用它和不熟悉计算机的用户交换意见，用户的积极参与是数据库设计成功的关键；

(3)易于更改，当应用环境和应用要求改变时，容易对概念模型修改和扩充；

(4)易于向关系、网状、层次等各种数据模型转换。

概念结构的设计策略：

(1)自顶向下，即首先定义全局概念结构的框架，然后逐步细化；

(2)自底向上，即首先定义各局部应用的概念结构，然后将它们集成起来，得到全局概念结构；

(3)逐步扩张，首先定义最重要的核心概念结构，然后向外扩充，以滚雪球的方式逐步生成其他概念结构，直至形成总体概念结构；

(4)混合策略，即将自顶向下和自底向上相结合，用自顶向下策略设计一个全局概念结构的框架，以它为骨架集成由自底向上策略中设计的各局部概念结构。

5. 如图所示。

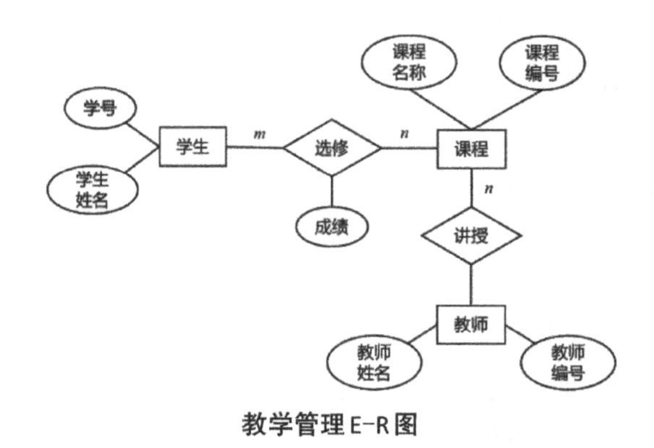

教学管理E-R图

6. 如图所示。

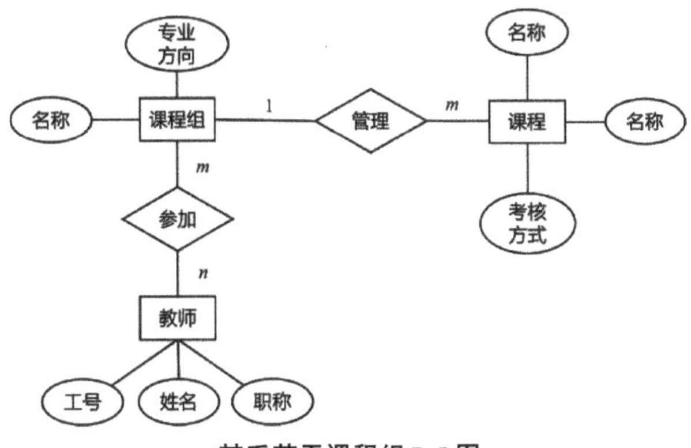

某系若干课程组E-R图

7.(1)学生与课程的联系类型是多对多联系。

(2)课程与教师的联系类型是多对多联系。

(3)学生与教师的联系类型是一对多联系。

(4)在原E-R图上补画教师与学生的联系,结果如图所示。

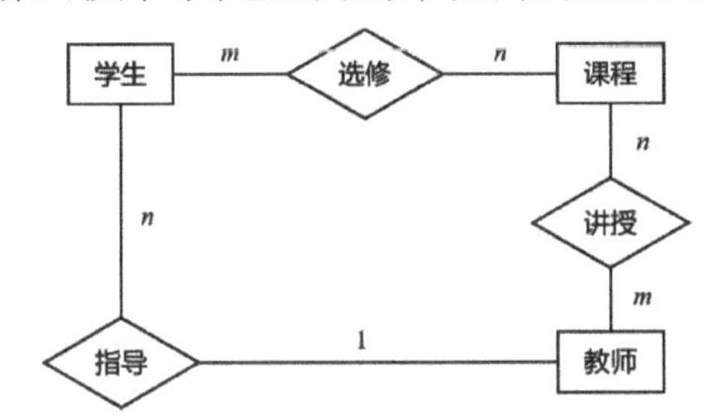

完整的选修课程E-R图

8. 如图所示。

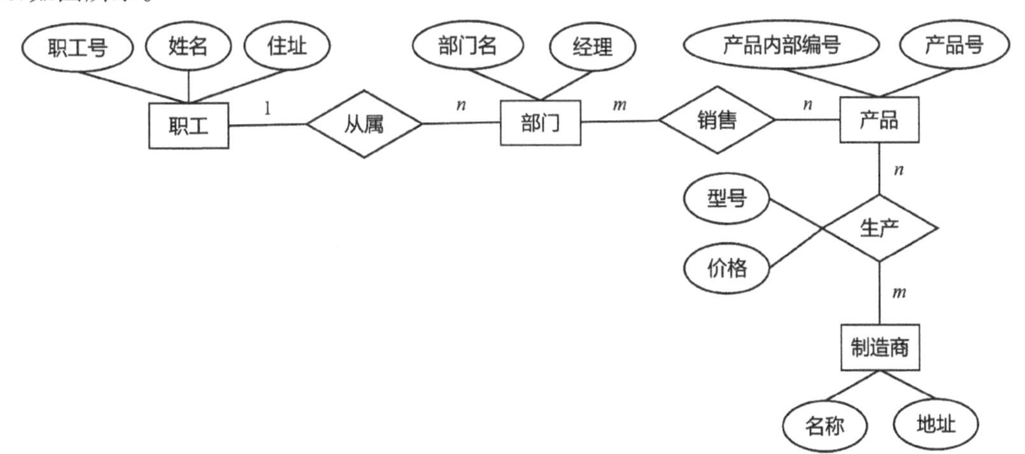

某部门数据库E-R图

9.如图所示。

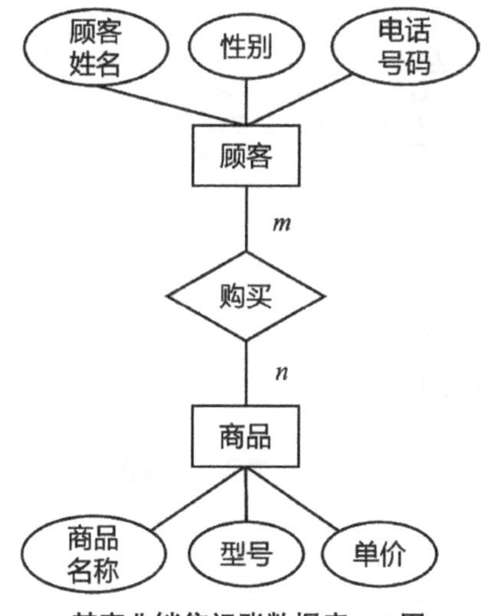

某商业销售记账数据库 E-R 图

10.(1)关系数据模型如下:

工厂(厂名,厂长姓名)

车间(车间号,主任姓名,地址,电话,厂名)

工人(职工号,姓名,年龄,性别,工种,车间号)

仓库(仓库号,主任姓名,电话,厂名)

产品(产品号,价格,车间号,仓库号)

零件(零件号,重量,价格,仓库号)

制造(车间号,零件号)

装配(产品号,零件号)

(2)该系统的层次模型图如图所示。

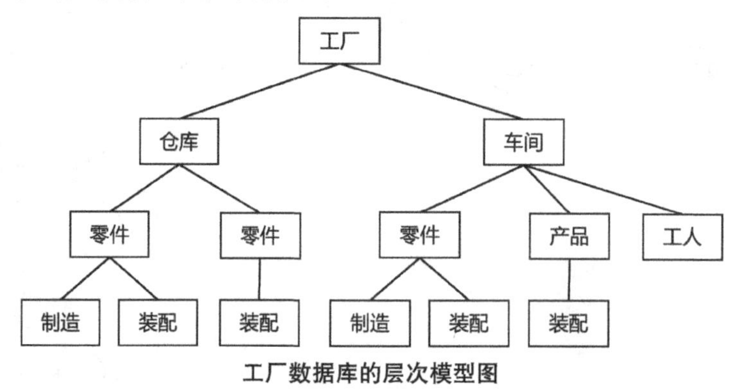

工厂数据库的层次模型图

第 6 章　关系数据理论

6.6.1　选择题

1.B　2.C　3.B　4.D　5.D　6.D　7.A　8.B　9.A　10.D
11.B　12.C　13.B　14.C　15.D　16.C　17.B　18.D　19.A　20.B
21.B　22.A　23.D　24.B　25.D　26.D　27.A　28.B　29.D　30.A

6.6.2　填空题

1. 控制冗余、避免插入和删除异常,从而增强数据库结构的稳定性和灵活性

2. 外码

3. 使属性域变为简单域　消除非主属性对候选码的部分依赖　消除非主属性对候选码的传递依赖

4.1NF

5.3NF⊂2NF⊂lNF

6. 不部分函数依赖于

7. 无损连接

8. 冗余度大

9. 无损连接性

6.6.3　判断题

1.√　2.×　3.×　4.×　5.×
6.√　7.×　8.×　9.×　10.×

6.6.4　简答题和综合题

1. 数据冗余,浪费存储空间;更新异常;插入异常;删除异常。

2. 数据依赖:完整性约束的一种表现形式;一个关系中属性间值的相等与否体现出来的数据间的相互关系;包含函数依赖,多值依赖,连接依赖等;不合适会造成插入异常,删除异常,更新异常和数据冗余。

3.(1)部分函数依赖:在 $R(U)$ 中,如果 $X \rightarrow Y$,但 Y 不完全函数依赖于 X,则称 Y 对 X 部分函数依赖。完全函数依赖:在 $R(U)$ 中,如果 $X \rightarrow Y$,并且对于 X 的任何一个真子集 X',都有 Y 不函数依赖于 X',则称 Y 对 X 完全函数依赖。

(2)候选码:设 K 为 $R<U,F>$ 中的属性或者属性组合,若 U 完全函数依赖于 K,则 K 为 R 的候选码。主码:若候选码多余一个,则选定其中的一个为主码。外码:关系模式

R中属性或属性组X并非R的码，但X是另一个关系模式的码，则称X是R的外部码，也称外码。全码：关系模式R中整个属性组是码，称为全码。

(3)1NF：若关系模式R的每一个分量是不可再分的数据项，则关系模式R属于第一范式。

2NF：若$R\in$1NF，且每一个非主属性完全函数依赖于任何一个候选码，则$R\in$2NF。

3NF：设关系模式$R<U,F>\in$1NF，若R中不存在这样的码X，属性组Y及非属性组Z(Z不是Y的子集)，使得$X\rightarrow Y$，$Y\rightarrow Z$成立(X不函数依赖于Y)，则称$R\in$3NF。

BCNF：关系模式$R<U,F>\in$1NF，若$X\rightarrow Y$且Y不属于X时，X必含有码，则$R\in$BCNF。

4.(1)学生关系模式的基本函数依赖如下：Sno→Sname，SD→SDname，Sno→SD，(Sno，Course)→Grade；

学生关系模式的码为(Sno，Course)。

(2)学生关系模式是属于1NF的，码为(Sno，Course)，非主属性中的成绩完全依赖于码，而其他非主属性对码的函数依赖为部分函数依赖，所以不属于2NF。

消除非主属性对码的函数依赖为部分函数依赖，将关系模式分解成2NF如下：

S1(Sno，Sname，SD，SDname)

S2(Sno，Course，Grade)

(3)将上述关系模式分解成3NF如下：

关系模式S1中存在Sno→SD，SD→SDname，即非主属性SDname传递依赖于Sno，所以S1不是3NF。进一步分解如下：

S11(Sno，Sname，SD)

S12(SD，SDname)

分解后的关系模式S11、S12满足3NF。

对关系模式S2不存在非主属性对码的传递依赖，故属于3NF。所以，原模式S(Sno，Sname，SD，SDname，Course，Grade)按如下分解满足3NF。

S11(Sno，Sname，SD)

S12(SD，SDname)

S2(Sno，Course，Grade)

5.(1)关系模式R的基本函数依赖如下：

(商店编号，商品编号)→部门编号，(商店编号，部门编号)→负责人，(商店编号，商品编号)→数量。

(2)关系模式R的候选码：(商店编号，商品编号，部门编号)。

(3)关系模式R属于1NF，码为(商店编号，商品编号，部门编号)，非主属性对码的函数依赖全为部分函数依赖，所以不属于2NF。消除非主属性对码的函数依赖为部分函数依赖，将关系模式分解成2NF如下：

$R1$(商店编号,商品编号,部门编号,数量)

$R2$(商店编号,部门编号,负责人)

(4)将关系模式R分解为

$R1$(商店编号,商品编号,部门编号,数量)

$R2$(商店编号,部门编号,负责人)

分解后,关系模式R不存在传递的函数依赖,所以分解后的R已经是第3NF。

6.①学生关系模式的最小函数依赖集:

{Sno→Sname,Sno→Sbirth,Sno→Class,Class→Dept,Dept→Rno}

存在传递函数依赖:

a.Sno→Dept,Dept→Rno,Sno→Rno

b.Class→Dept,Dept→Rno,Class→Rno

c.Sno→Class,Class→Dept,Sno→Dept

学生关系模式候选码:Sno;外码:Dept,Class。

②班级关系模式的最小函数依赖集:

{Class→Pname,Class→Cnum,Class→Cyear,Pname→Dept)

存在传递函数依赖:

Class→Pname,Pname→Dept,Class→Dept

班级关系模式候选码:Class;外码:Dept。

③系关系模式的最小函数依赖集:

{Dept→Dno,Dno→Dept,Dept→Office,Dept→Dnum}

不存在传递函数依赖。

系关系模式候选码:Dept/Dno;无外码。

④协会关系模式的最小函数依赖集:

{Mname→Myear,Mname→Maddr,Mname→Mnum}

不存在传递函数依赖。

协会关系模式候选码:Mname;无外码。

7.(1)码:AB;1NF(存在D对AB的部分函数依赖)。

(2)码:D;2NF(不存在部分依赖,存在传递依赖)。

(3)码:ABD、BCD;3NF(不存在非主属性对码的部分依赖或传递函数依赖,但A是决定因素不含码)。

(4)码:B;2NF(不存在部分依赖,存在传递依赖)。

(5)码:ABD;BCNF(不存在部分依赖和传递依赖)。

8.由定义得,属性组BC含有码时,R是BCNF。BCNF的所有决定性因素都含有码,所以BC应该含有码。

9.R的所有码:ACE、BCE、CDE。由函数依赖关系$A \to B$,$BC \to D$,$DE \to A$可得,

A可以决定B，加上C决定D，再加上E可得R，故第一组ACE。由BC可决定D，加上E可决定A，亦可得R，第二组BCE。由DE可决定A，B传递依赖于DE，加上C可得R，第三组即CDE。

10.R属于3NF，不属于BCNF。$ABCDE$都是主属性，BCNF中不存在主属性对码的部分依赖。在R中的函数依赖中决定性因素不包含码。

第7章　数据库设计

7.8.2　选择题

1.B　2.C　3.D　4.B　5.B　6.A　7.C　8.B　9.B　10.D
11.C　12.D　13.C　14.C　15.A　16.B　17.A　18.C　19.B　20.A
21.D　22.B　23.D　24.C　25.A　26.D　27.A　28.C　29.C　30.C

7.8.2　填空题

1.需求分析　概念结构设计　逻辑结构设计　物理结构设计　数据库实施　数据库运行和维护

2.数据字典

3.数据设计

4.载入

5.属性冲突　命名冲突　结构冲突

6.属性　码

7.基本表　视图

8.1∶1　1∶n

9.3

10.关系模式　规范化

7.8.3　判断题

1.√　2.×　3.√　4.×　5.√
6.√　7.×　8.×　9.√　10.√

7.8.4　简答题和综合题

1.数据库设计是指对于一个给定的应用环境,提供一个确定的最优数据模型与处理模式的逻辑设计,以及一个确定的数据库存储结构与存取方法的物理设计,建立起既能反映现实世界信息和信息联系,满足用户数据要求和加工要求,又能被某个数据库管理系统所接受,同时能实现系统目标,并有效存取数据的数据库的过程。

2.关系数据库的设计直接影响着应用系统的开发,维护及其运行效率。一个不好的关系模式会导致插入异常,删除异常,修改异常,数据冗余等问题。为此,人们提出了关系数据库规范化理论。它依据函数依赖,采用模式分解的方法,将一个低一级范式的关系模式转换为若干个高一级范式的关系模式的集合,从而消除各种异常,把不好的关系数据库模式转化为好的关系数据库模式。

3.(1)需求分析阶段:需求收集和分析,得到数据字典和数据流图。

(2)概念结构设计阶段:对用户需求综合、归纳与抽象,形成概念模型,用E-R图表示。

(3)逻辑结构设计阶段:将概念结构转换为某个DBMS所支持的数据模型。

(4)数据库物理设计阶段:为逻辑数据模型选取一个最适合应用环境的物理结构。

(5)数据库实施阶段:建立数据库,编制与调试应用程序,组织数据入库,程序试运行。

(6)数据库运行和维护阶段:对数据库系统进行评价、调整与修改。

4.数据库设计的需求分析通过三步来完成:即需求信息的收集、分析整理和评审,其目的在于对系统的应用情况作全面详细的调查,确定企业组织的目标,收集支持系统总的设计目标的基础数据和对这些数据的要求,确定用户的需求,并把这些要求写成用户和数据设计者都能够接受的文档。

5.数据库结构设计的不同阶段形成数据库的各级模式。

(1)在概念设计阶段形成独立于机器特点,独立于各个DBMS产品的概念模式,即E-R图;

(2)在逻辑设计阶段将E-R图转换成具体的数据库产品支持的数据模型,如关系模型,形成数据库逻辑模式,然后在基本表的基础上再建立必要的视图,形成数据的外模式;

(3)在物理设计阶段,根据DBMS特点和处理的需要,进行物理存储安排,建立索引,形成数据库内模式。

6.(1)学生选课局部E-R图、教师任课局部E-R图分别如下图所示。

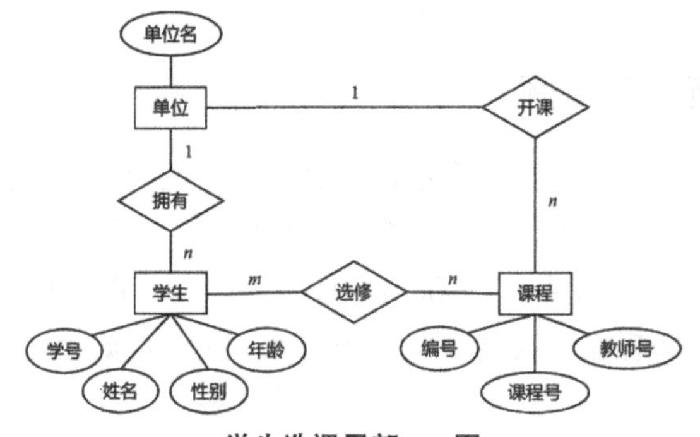

学生选课局部E-R图

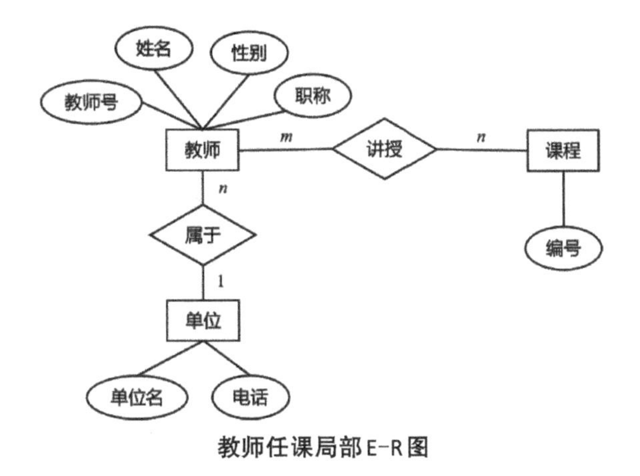

教师任课局部E-R图

(2)合并的全局E-R图如下图所示。

为避免图形复杂,下面给出各实体属性:

单位:单位名、电话

学生:学号、姓名、性别、年龄

教师:教师号、姓名、性别、职称

课程:编号、课程名

该全局E-R图转换为等价的关系模型表示的数据库逻辑结构如下:

单位(单位名,电话)

教师(教师号,姓名,性别,职称,单位名)

课程(课程编号,课程名,单位名)

学生(学号,姓名,性别,年龄,单位名)

讲授(教师号,课程编号)

选修(学号,课程编号)

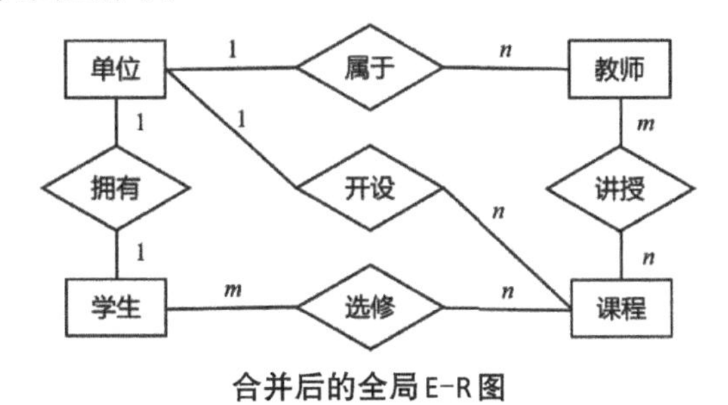

合并后的全局E-R图

7.各类实体的属性:

部门:部门号,部门名,电话,地址

职工:职工号,职工名,职务,年龄,性别

设备:设备号,名称,规格,价格

零件:零件号,名称,规格,价格

合并后的工厂数据库全局E-R图如下图所示。

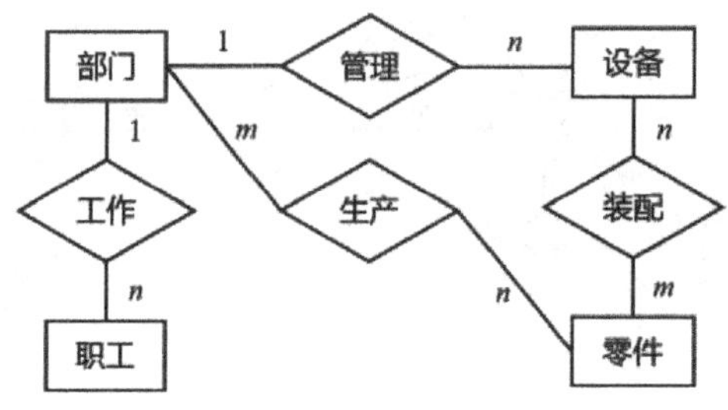

工厂数据库的全局E-R图

8.(1)满足上述需求的图书借阅管理数据库E-R图,如下图所示。

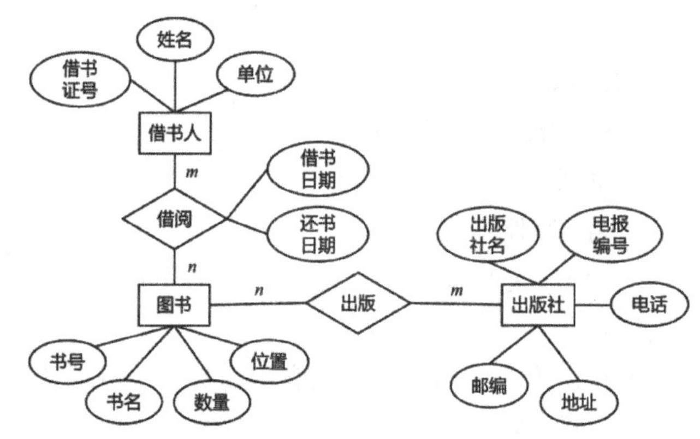

图书借阅管理数据库E-R图

(2)转换为等价的关系模型结构如下:

借书人(借书证号,姓名,单位)

图书(书号,书名,数量,位置,出版社名)

出版社(出版社名,电报,电话,邮编,地址)

借阅(借书证号,书号,借书日期,还书日期)。

9.(1)如下图所示。

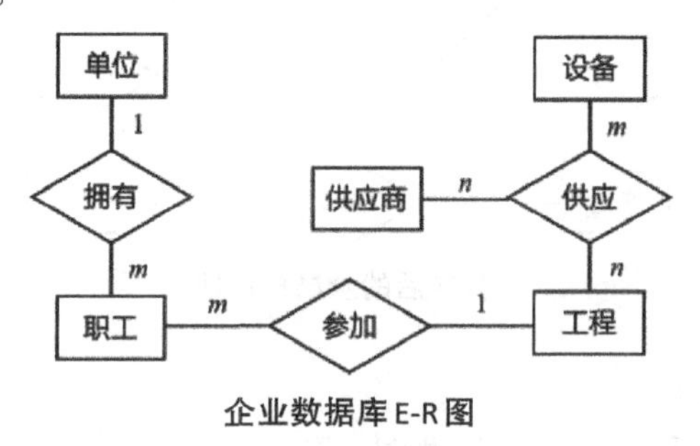

企业数据库E-R图

(2)各实体的属性如下：

职工(职工号,姓名,性别)

设备(设备名,设备号,产地)

工程(工程名,地点)

转换后的关系模式如下：

单位(单位名,电话)

职工(职工号,单位名,工程名,姓名,性别)

设备(设备名,设备号,产地)

供应商(姓名,电话)

工程(工程名,地点)

供应(供应商姓名,工程名,设备号,数量)

第8章 数据库编程

8.5.1 选择题

1.C 2.C 3.C 4.A 5.D 6.A 7.C 8.B 9.B 10.C

8.5.2 填空题

1.交互式SQL 嵌入式SQL
2.效率高,安全性高
3.返回类型
4.触发器
5.游标

8.5.3 判断题

1.× 2.√ 3.√ 4.× 5.√

8.5.4 简答题与综合题

1.在嵌入式SQL中,为了能够区分SQL语句与宿主语言语句,所有的SQL语句都必须加前缀EXECSQL。SQL语句的结束标志则随宿主语言的不同而不同。例如,在PASCAL和C中以分号";"结束。

2.数据库工作单元与源程序工作单元之间的通信主要包括:

(1)向宿主语言传递SQL语句的执行状态信息,使宿主语言能够据此信息控制程序流程,主要通过SQL通信区(SQLCA)实现。

(2)宿主语言向SQL语句提供参数,主要用共享变量实现。

(3)将SQL语句查询数据库的结果交宿主语言进一步处理,主要用共享变量和游标(Cursor)实现。

3.在宿主语言程序中嵌入SQL语句对数据库进行操作时,由于SQL语句处理的是记录集合,而宿主语言语句一次只能处理一条记录,因此需要使用游标机制,将集合操作转换成单记录处理方式。

4.(1)建立连接,通过Sql Connection类与数据库建立连接。

(2)执行SQL命令,通过Sql Command类执行SQL语句。

(3)获取SQL执行结果,通过DataAdapter、DataReader和DataSet对象获取数据。

(4)关闭数据库连接

5.IF(EXISTS(SELECT * FROM sys.objects WHERE name='proc_get_Customer'))

DROP PROC proc_get_Customer

go

CREATE PROC proc_get_Customer

AS

SELECT * FROM Customer;

调用、执行存储过程的命令如下：

EXEC proc_get_Customer;

第10章　数据库安全性

10.8.1　选择题

1.D　2.A　3.B　4.B　5.D　6.A　7.C　8.C　9.D　10.A

11.A　12.D　13.C　14.D　15.A　16.B　17.C　18.D　19.C　20.D

10.8.2　填空题

1. 安全性　完整性　并发控制　恢复
2. 保护数据库,防止未经授权或不合法的使用造成的数据泄漏、更改或破坏
3. 用户标识与系统鉴定　存取控制　审计　数据加密
4. 要存取的数据对象　对此数据对象进行操作的类型
5. 用户权限定义　合法权检查机制
6. 授权
7. GRANT　REVOKE
8. 用户身份标识与鉴别
9. 视图机制
10. 权限

10.8.3　判断题

1.×　2.√　3.×　4.×　5.√

6.√　7.√　8.×　9.√　10.×

10.8.4　简答题和综合题

1.安全性问题不是数据库系统所独有的,所有计算机系统都有这个问题。只是在数据库系统中大量数据集中存放,而且为许多最终用户直接共享,从而使安全性问题更为突出。系统安全保护措施是否有效是数据库系统的主要指标之一。数据库的安全性和计算机系统的安全性,包括操作系统、网络系统的安全性是紧密联系、相互支持的。

2.(1)用户标识和鉴别:该方法由系统提供一定的方式让用户标识自己的名字或身份。每次用户要求进入系统时,由系统进行核对,通过鉴定后才提供系统的使用权。

(2)存取控制:通过用户权限定义和合法权检查确保只有合法权限的用户访问数据库,所有未被授权的人员无法存取数据。

(3)视图机制:为不同的用户定义视图,通过视图机制把要保密的数据对无权存取

的用户隐藏起来，从而自动地对数据提供一定程度的安全保护。

(4)审计：建立审计日志，把用户对数据库的所有操作自动记录下来放入审计日志中，数据库管理员可以利用审计跟踪的信息，重现导致数据库现有状况的一系列事件，找出非法存取数据的人、时间和内容等。

(5)数据加密：对存储和传输的数据进行加密处理，从而使得不知道解密算法的人无法获知数据的内容。

3.(1)GRANT ALL PRIVILEGES ON Student,Class TO U1

WITH GRANT OPTION ;

(2)GRANT SELECT,UPDATE(Saddress),

DELETE ON Student TO U2;

(3)GRANT SELECT ON Class TO PUBLIC;

(4)GRANT SELECT,UPDATE ON Student TO R1;

(5)GRANT R1 TO U1 WITH ADMIN OPTION;

4.自主存取控制方法：定义各个用户对不同数据对象的存取权限。当用户对数据库访问时首先检查用户的存取权限。防止不合法用户对数据库的存取。强制存取控制方法：每一个数据对象被(强制地)标以一定的密级，每一个用户也被(强制地)授予某一个级别的许可证。系统规定只有具有某一许可证级别的用户才能存取某一个密级的数据对象。

5.数据库的安全性是指保护数据库，防止不合法的使用，以免数据的泄漏、非法更改和破坏。

(1)用户标识与系统鉴定：DBMS都要提供一定的方式供用户标识自己。在存取数据库的数据之前，用户首先要自我标识，系统对用户的标识进行核定，通过鉴定后，才提供数据库的使用权。常用的标识方法是用户名和口令字。

(2)存取权限的控制：用户被获准使用数据库之后，还要根据预定的用户权限进行存取控制。

(3)数据加密：以密码的方式存储数据。

6.用户(或应用程序)使用数据库的方式称为权限。权限种类：

读权限：允许用户读数据，但不能修改数据。

插入权限：允许用户插入新的数据，但不能修改数据。

修改权限：允许用户修改数据，但不能删除数据。

删除权限：允许用户删除数据。

索引权限：允许用户创建和删除索引。

资源权限：允许用户创建新的关系。

修改权限：允许用户在关系结构中加入或删除属性。

撤销权限：允许用户撤销关系。

7.(1)GRANT SELECT ON TABLE Student TO Ul。

(2)GRANT ALLPRIVILIGES ON TABLE Student,Course TO U2,U3。

(3)GRANT SELECT ON TABLE SC TO PUBLIC。

(4)GRANT UPDATE(Sno),SELECT ON TABLE Student TO U4。

(5)GRANT INSERT ON TABLE SC TO US WITH GRANT OPTI ON。

(6)GRANT CREATETAB ON DATABASE S_C TO U8。

(7)REVOKE UPDATE(Sno) ON TABLE Student FROM U4。

(8)REVOKE SELECT ON TABLE SC FROM PUBLIC。

(9)REVOKE INSERT ON TABLE SC FROM US。

8.数据库系统允许用户把已获得的权限再转授给其他用户,也允许把已授给其他用户的权限再回收上来,但应保证转授出去的权限能收得回来。为了便于回收,用权限图表示权限转让关系。一个用户拥有权限的充分必要条件是在权限图中从根结点到该用户结点存在一条路径。

9.SQL定义了如下六类用户权限供用户选择使用。

SELECT:允许用户对关系或视图执行SELECT操作。

INSERT:允许用户对关系或视图执行INSERT操作。

DELETE:允许用户对关系或视图执行DELETE操作。

UPDATE:允许用户对关系或视图执行UPDATE操作。

REFERENCES:允许用户在定义新关系时,引用其他关系的主码作为外码。

USAGE:允许用户使用已定义的域。

10.这四个方面是一个有机的整体,不可偏废任一方面。DBMS的这四个子系统一起保证了DBS的正常运行。数据库的可恢复性防止数据库被破坏或数据库中的数据有错误。数据库的并发控制可以避免数据库中数据有错误或用户读取“脏数据”。数据库的完整性可以保证数据库中的数据是正确的,避免非法的更新。数据库的安全性也可以保护数据库,防止不合法的使用,避免数据的泄漏、非法更改和破坏。

第11章　事务管理——数据库恢复技术

11.6.1　选择题

1.C　2.A　3.D　4.C　5.B　6.B　7.B　8.C　9.B　10.C
11.C　12.C　13.D　14.B　15.D　16.B　17.C　18.B　19.A　20.D
21.B　22.B　23.C　24.B　25.C

11.6.2　填空题

1. 事务
2. 事务故障
3. 串行　并行
4. 错误　某一已知的正确状态
5. 事务故障　系统故障　计算机病毒
6. 数据库本身未被破坏　数据库处于不一致状态
7. 冗余数据　后援副本　日志文件
8. 转储　增量转储　海量转储
9. 系统自动　DBA执行恢复操作过程
10.（1）A　（2）B　（3）C　（4）D　E　（5）A　D　E

11.6.3　判断题

1.×　2.×　3.√　4.×　5.×
6.√　7.√　8.×　9.√　10.√

11.6.4　简答题和综合题

1. 原子性：是保证数据库系统完整性的基础。一个事务中所有对数据库的操作是一个不可分割的操作序列。

一致性：一个事务独立执行的结果将保证数据库的一致性，即数据不会因事务的执行而遭受破坏。

隔离性：隔离性要求在并发事务被执行时，系统应保证与这些事务先后单独执行时结果一样，使事务如同在单用户环境下执行一样。

持久性：要求对数据库的全部操作完成后，事务对数据库的所有更新应永久地反映在数据库中。

2.COMMIT操作表示事务成功地结束,此时告诉系统,数据库要进入一个新的正确状态,该事务对数据库的所有更新都已交付实施。

ROLLBACK操作表示事务不成功地结束,此时告诉系统,已发生错误,数据库可能处在不正确的状态,该事务对数据库的更新必须被撤销,数据库应恢复该事务到初始状态。

3. 在恢复操作中,REDO操作称为重做,UNDO操作称为撤销。如果数据库被破坏,利用日志文件执行REDO操作,将两个数据库状态之间的所有修改重新做一遍。

REDO处理:正向扫描日志文件,重新执行登记的操作。如果数据库未被破坏,但某些数据可能不可靠,这时,可通过日志文件执行REDO操作,把已经结束的、不可靠的事务进行REDO处理。

UNDO处理:反向扫描日志文件,对每个UNDO事务的更新操作执行逆操作,即对已插入的新记录执行删除操作,对已删除的记录重新插入,对已修改的数据库用旧值代替新值。

4. 数据库系统中的故障主要有四类:事务故障,系统故障,介质故障,计算机病毒。破坏了数据库的故障是介质故障;未破坏数据库,但使其中某些数据变得不正确的故障是事务故障和系统故障。

5. 数据库的恢复是指当数据库系统发生故障时,通过一些技术,使数据库从被破坏、不正确的状态恢复到最近一个正确的状态。

恢复的基本原则就是冗余,即数据的重复存储。恢复的常用方法有:

(1)定期对整个数据库进行复制或转储;

(2)建立日志文件;

(3)用REDO或UNDO处理。

6. 写数据库和写日志文件是两个不同的操作,在这两个操作之间可能发生故障。如果先写了数据库修改,而在日志文件中没有登记下这个修改,则以后就无法恢复这个修改了。如果先写日志,但没有修改数据库,按日志文件恢复时只不过是多执行一次不必要的UNDO操作,并不会影响数据库的正确性。

7. 事务故障恢复:由恢复子系统应利用日志文件撤销(UNDO)此事务已对数据库进行的修改。事务故障的恢复由系统自动完成,不需要用户干预。

步骤:反向扫描文件日志(即从最后向前扫描日志文件),查找该事务的更新操作。对该事务的更新操作执行逆操作,即将日志记录中。继续反向扫描日志文件,查找该事务的其他更新操作,并做同样处理。如此处理下去,直至读到此事务的开始标记,事务故障恢复就完成了。

8. 因为计算机系统中硬件的故障、软件的错误、操作人员的失误以及恶意的破坏是不可避免的,这些故障轻则造成运行事务非正常中断,影响数据库中数据的正确性,重则破坏数据库,使数据库中全部或部分数据丢失,因此必须要有恢复子系统。

恢复子系统的功能:把数据库从错误状态恢复到某一已知的正确状态,也称为一致状态或完整状态。

9.先写日志文件的原因:

(1)写数据库和写日志文件是两个不同的操作。

(2)在这两个操作之间可能发生故障。

(3)如果先写了数据库修改,而在日志文件中没有登记下这个修改,则以后就无法恢复这个修改了。

(4)如果先写日志,但没有修改数据库,按日志文件恢复时只不过是多执行一次不必要的UNDO操作,并不会影响数据库的正确性。

第12章　事务管理——并发控制

12.9.1　选择题

1.C　2.D　3.B　4.C　5.D　6.A　7.D　8.D　9.A　10.B
11.C　12.D　13.D　14.C　15.B　16.D　17.C　18.A　19.C　20.A
21.A　22.C　23.D　24.D　25.B　26.C

12.9.2　填空题

1.共享锁　排他锁
2.并发操作
3.S锁　X锁
4.一级　正常　异常
5.丢失修改　丢失修改和读脏数据　丢失修改、读脏数据和不可重复读
6.活锁　死锁
7.该操作丢失修改　第①步中，事务T_1应申请X锁
8.两段锁协议
9.可串行化的
10.不同的

12.9.3　判断题

1.×　2.√　3.×　4.√　5.×
6.×　7.√　8.×　9.×　10.×

12.9.4　简答题和综合题

1.因为数据库系统是共享的多用户系统，对数据库的存取可能是并行的，所以，即使单个事务执行时所有的事务都是正确的。在并发的情况下，因为事务之间的相互干扰，可能使总的结果不正确。并发控制以正确的方式调度并发事务，使一个事务的执行不受其他事务的干扰。

并发控制的主要方式是封锁机制，即加锁。

2.数据库是一个共享资源，它允许多个用户同时并行地存取数据。若系统对并行操作不加控制，就会存取和存储不正确的数据，破坏数据库的完整性(或称为一致性)。并发控制的目的，就是要以正确的方式调度并发操作，避免造成各种不一致性，使一个事务的执行不受另一个事务的干扰。

3.数据库的并发操作通常会带来以下三类问题：丢失更新问题，不一致分析问题，读“脏”数据。可以用并发控制的方法调度并发操作，避免造成数据的不一致性，使一个用户事务的执行不受其他事务的干扰。另一方面，对数据库的应用有时允许某些不一致性。如有些统计工作涉及数据量很大，读到一些“脏”数据对数据统计精度没有什么影响，这些可以降低对一致性的要求，以减少系统开销。

4.死锁产生的原因：封锁可以引起死锁。比如事务 T_1 封锁了数据A，事务 T_2 封锁了数据B。T_1 又申请封锁数据B，但因B被 T_2 封锁，所以 T_1 只能等待。T_2 又申请封锁数据A，但A已被 T_1 封锁，所以也处于等待状态。这样，T_1 和 T_2 处于相互等待状态而均不能结束，这就形成了死锁。

解决死锁的常用方法有如下三种：

(1)要求每个事务一次就要将它所需要的数据全部加锁。

(2)预先规定一个封锁顺序，所有的事务都要按这个顺序实行封锁。

(3)允许死锁发生，当死锁发生时，系统就选择一个处理死锁代价小的事务，将其撤销，释放此事务持有的所有锁，使其他事务能继续运行下去。

5.为防止由事务的ROLLBACK引起丢失更新操作，X封锁必须保留到事务终点，因此DML不提供专门的解除X封锁的操作，即解除X封锁的操作放在事务的终点去做。

而在未到事务终点时，执行解除S封锁的操作，可以增加事务并发操作的程度，同时对数据库也不会有什么错误的影响，因此DML可以提供专门的解除S封锁的操作，让用户使用

6.在DBS运行时，死锁状态是用户不希望发生的，因此死锁的发生本身是一件坏事。但是坏事可以转化为好事。如果用户不让死锁发生，让事务任意并发执行下去，那么有可能破坏数据库中的数据，或用户读了错误的数据。从这个意义上讲，死锁的发生是一件好事，能防止错误的发生。

在发生死锁后，系统的死锁处理机制和恢复程序就能起作用，抽取某个事务作为牺牲品，把它撤销，做ROLLBACK操作，使系统有可能摆脱死锁状态，继续正确运行下去。

7.事务的执行次序称为调度。如果多个事务依次执行，则称为事务的串行调度。如果利用分时的方法，同时处理多个事务，则称为事务的并发调度。

如果一个并发调度的结果与某一串行调度的执行结果等价，那么这个并发调度称为是可串行化的调度。

8.数据库是共享资源，通常有许多个事务同时在运行。当多个事务并发地存取数据库时就会产生多个事务同时存取同一数据的情况。若对并发操作不加控制就可能会存取和存储不正确的数据，破坏事务的一致性和数据库的一致性。所以数据库管理系统必须提供并发控制机制。并发控制技术能保证事务的隔离性和一致性。

9.丢失修改；不可重复读；读“脏”数据。并发控制的主要技术有封锁、时间戳、乐

观控制法和多版本并发控制等。

10.封锁就是事务T在对某个数据对象(例如表、记录等)操作之前,先向系统发出请求,对其加锁。加锁后事务T就对该数据对象有了一定的控制,在事务T释放它的锁之前,其他的事务不能更新此数据对象。

基本封锁类型:排他锁(X锁)和共享锁(S锁)。排他锁又称为写锁,若事务T对数据对象A加上X锁,则只允许T读取和修改A,其他任何事务都不能再对A加任何类型的锁,直到T释放A上的锁。共享锁又称为读锁,若事务T对数据对象A加上S锁,则其他事务只能再对A加S锁,而不能加X锁,直到T释放A上的S锁。

第13章 数据库的发展及新技术

13.9.1 选择题

1.B 2.A 3.A 4.D 5.A 6.C 7.C 8.A 9.A 10.D

13.9.2 填空题

1.架构(is-a) 部分

2.水平分片、垂直分片、导出分片和混合分片

3.分片透明性 位置透明性 局部数据模型透明性

4.面向主题的 集成的 随时间变化的 非易失性

5.隐藏内在 人们事先不知道

13.9.3 判断题

1.√ 2.× 3.× 4.√ 5.√

13.9.4 简答题和综合题

1.不能适应多媒体数据、空间数据、时态数据、复合对象、演绎推理等应用的需要。

2.DBMS的功能有五点:接收并处理用户请求、访问网络数据字典、分布式处理、通信接口功能、异构型处理。

3.数据仓库是一个面向主题的、集成的、随时间变化的、非易失性数据的集合,用于支持管理层的决策过程。特点是面向主题性、数据集成性、数据的时变性、数据的非易失性、数据的集合性和支持决策作用。

数据集市是指具有特定应用的数据仓库,主要针对某个应用或者具体部门级的应用,支持用户获得竞争优势或者找到进入新市场的具体解决方案。

两者的主要差别:

(1)数据仓库是基于整个企业的数据模型建立的,它面向企业范围内的主题。而数据集市是按照某一特定部门的数据模型建立的。

(2)部门的主题与企业的主题之间可能存在关联,也可能不存在关联。

4.OLAP技术专门用来支持复杂的分析操作,侧重对决策支持人员和高层管理人员的决策支持,可以快速灵活地实现大量数据的复杂查询处理,并且以直观的形式提供给用户。它是针对特定问题的联机数据访问和分析。通过对信息的很多种可能观察形式进行快速的、稳定的、一致的和交互式的存取,允许决策人员对数据进行深入的

观察。OLTP 中的数据不再是以文件的方式和应用捆绑在一起,而是分离出来以数据表的形式和应用捆绑在一起。OLAP 与 OLTP 一样,最终数据来源都是来自底层的数据库系统,但是由于两者的使用用户不同,其在数据的特点和处理方式上也表现出很大的不同。

5.数据挖掘的主要任务主要包括聚类分析、预测建模、关联分信息和异常检测。